招かれない虫たちの話

虫がもたらす健康被害と害虫管理

日本昆虫科学連合 編

東海大学出版部

Short Stories of Unwelcome Bugs
-Health Hazards Caused by Medically Important Arthropods and Their Management

edited by Union of Japanese Societies for Insect Sciences

Tokai University Press, 2017
ISBN 978-4-486-02125-4

1 ネッタイシマカ *Aedes aegypti*

2 ヒトスジシマカ *Aedes albopictus*

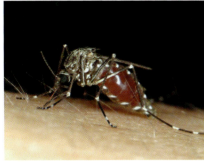
3 トウゴウヤブカ *Aedes togoi*

4 ヤマトヤブカ *Aedes japonicus*

5 アカイエカ *Culex pipiens pallens*

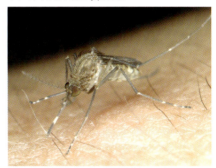
6 コガタアカイエカ *Culex tritaeniorhynchus*

7 チカイエカ *Culex pipiens* form *molestus*

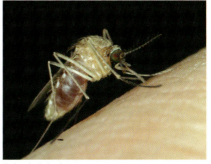
8 ネッタイイエカ *Culex quinquefasciatus*

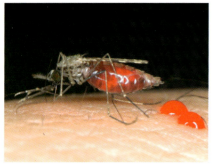

9 ガンビエハマダラカ *Anopheles gambiae*

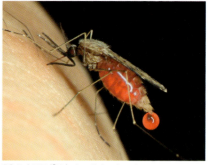

10 シナハマダラカ *Anopheles sinensis*

11 キンパラナガハシカの石垣島産亜種 *Tripteroides bambusa yaeyamensis*

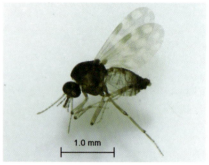

12 イソヌカカ *Culicoides circumscriptus*

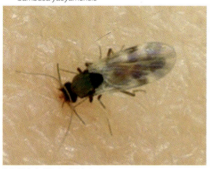

13 吸血中のシナノヌカカ *Culicoides sinanoensis*

14 イエバエ *Musca domestica*

15 毒針を出すセグロアシナガバチ *Polistes jokahamae*

16 ネコノミ *Ctenocephalides felis*

17 トコジラミ *Cimex lectularius*, (左) 吸血後, (右) 吸血前

18 アタマジラミ *Pediculus humanus capitis*

19 チャバネゴキブリ *Blattella germanica*

20 トビズムカデ *Scolopendra subspinipes mutilans* の毒牙

21 セアカゴケグモ *Latrodectus hasseltii*

22 イエダニ *Ornithonyssus bacoti*

23 タカサゴキララマダニ *Amblyomma testudinarium* 若虫

24 キチマダニ *Haemaphysalis flava* 雌成虫

v

25 フタトゲチマダニ *Haemaphysalis longicornis* 雌成虫

26 タネガタマダニ *Ixodes nipponensis* 雌成虫

27 ヤマトマダニ *Ixodes ovatus* 雌成虫

28 アカコッコマダニ *Ixodes turdus* 雌成虫

29a シュルツェマダニ *Ixodes persulcatus* 雄成虫

29b シュルツェマダニ 雌成虫

29c シュルツェマダニ 血を吸って満腹状態になり宿主から離脱した雌（この状態を飽血（ほうけつ）という）

30a アカツツガムシ *Leptotrombidium akamusi* 幼虫

30b アカツツガムシ 成虫（土の上）

31 フトゲツツガムシ *Leptotrombidium pallidum* 幼虫

32 タテツツガムシ *Leptotrombidium scutellare* 幼虫の集塊

※24『ホシザキグリーン財団研究報告』18 号293 頁の図を改写.
※25『ダニのはなし』朝倉書店 26 頁の図を改写.
※撮影:葛西真治（1, 2, 3, 4, 5, 6, 7, 8, 9, 10, 11, 14, 17, 18, 19）. 夏秋 優（12, 13, 15, 16, 20, 21, 22, 29, 30, 31, 32）. 山内健生（23, 24, 25, 26, 27, 28）.

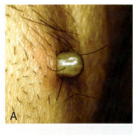

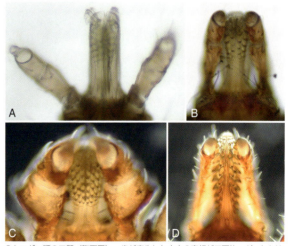

33 血液を吸って膨らんだマダニ類. A）首に食いついたヤマトマダニ雌成虫（『衛生動物』61巻136頁の図2を改編），B）満腹になって離脱したタカサゴキララマダニ若虫.

34 マダニ類の口器（腹面図）. 歯が密生した中央の突起が口下片. A）タカサゴキララマダニ幼虫，B）タカサゴキララマダニ若虫，C）キチマダニ雌成虫（『ダニのはなし』朝倉書店 28 頁の図を改編），D）ヤマトマダニ雌成虫.

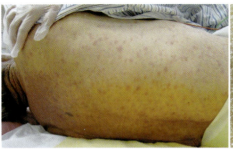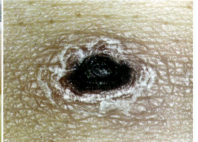

35 (左) ツツガムシに刺咬された後に背面に現れた発疹（写真提供：成田 雅博士 沖縄県立中部病院），(右) ツツガムシに刺咬された痕．刺し口（写真提供：須藤恒久 秋田大学名誉教授）．

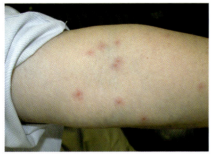

36 アカツツガムシによる刺咬症（写真提供：角坂照貴博士 愛知医科大学）．

37 IP 法で検出された *Orientia tsutsugamushi*．病原体が茶褐色の粒子となって見える（400倍での観察像）．

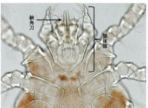

38 (左)，(中) アカツツガムシと口器の拡大．(右) 皮下に形成された吸着管，HE 染色（写真提供：角坂照貴博士 愛知医科大学）．

39 微量滴下法によるアカイエカ成虫への薬剤処理．注射針の先から0.5 μLの殺虫剤希釈液を麻酔をかけた蚊の背面に処理する．

40 人腕によるコロモジラミの飼育．

41 中米においてシャーガス病を媒介する主要サシガメ2種．a) *Rhodnius prolixus*．屋内にのみ生息し，地域的根絶は可能．b) *Triatoma dimidiata*．森林にも生息し，地域的根絶は不可能．黒線は10mm．

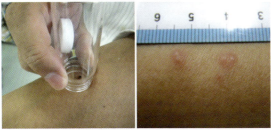

42 トコジラミを用いた吸血実験（左）と吸血2日後の皮疹（右）.

43 未吸血のトコジラミ1齢幼虫（左）とヒラタチャタテ *Liposcelis bostrychophila* 成虫（右）（目盛＝1mm）.

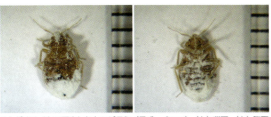

44 ゼオライトで死亡したトコジラミ（目盛＝1mm）.（左）背面,（右）腹面.

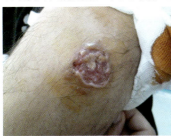

45 トルコ・エーゲ大学病院に来院した皮膚型リーシュマニア症患者の腕の潰瘍.

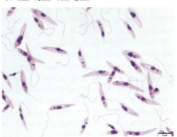

46 サシチョウバエ中腸内での鞭毛型リーシュマニア原虫（ギムザ染色；スケールは5μm）.

47 群馬県で採集されたニッポンサシチョウバエ. a) 雄, b) 雌（1目盛は1mm）.

48 ニッポンサシチョウバの生殖器. a) 雄（スケールは200μm）, b) 雌（スケールは50μm）. 矢印は受精嚢.

49 蚊の行動を利用した各種防除方法および捕獲方法．A) 背負い式高濃度少量（ultra low volume, ULV）散布機によるピレスロイドの散布（ソロモン諸島，Honiara），B) 噴霧器による蚊の休息場所の処理実験（長崎大学構内），C) 手押し式散布機（ハドソンスプレイヤー）による屋内残留散布（マラウイ，Nkhoma），D) 空間忌避デバイス（メトフルトリンストリップ）の設置（マラウイ，Zomba），E) 長期残効型殺虫剤含浸蚊帳（LLIN）の中で眠る赤ん坊（ケニア，Mbita），F) 捕虫網による飛来蚊の採集（長崎県諫早市，中央にドライアイスを熱して炭酸ガスを発生させるための鍋がある），G) ピレスロイドエアゾールを用いたスプレーキャッチ法による家屋内の蚊の採集（タンザニア，Bagamoyo），H) 電動式アスピレーター（吸虫管）を用いた壁面休息蚊の採集（ケニア，Mbita），I) 試験管によるネッタイシマカの採集（ベトナム，Ho Chi Minh），J) CDC型ライトトラップの屋内への設置による採集（タンザニア，Bagamoyo），K) ヤブカ捕獲のために開発されたBGセンチネル™トラップ（ケニア，Mbita），L) プロパンガスの燃焼による炭酸ガスとオクテノールを利用したモスキートマグネット®（長崎県諫早市），M) ネットを用いた人囮による採集（インドネシア，Lombok），N) 二重ネットを用いた牛囮による採集（インドネシア，Lombok），O) 産卵のために飛来した雌蚊を捕獲するオビトラップ（写真撮影：足立雅也氏）．

※撮影：山内健生（33B，34A，B，D），佐藤寛子（37），橋本知幸（39，40右，41），日本環境衛生センター（40左），木村悟朗（42，43，44），三條場千寿（45，46，47，48，49）

まえがき

　ヒトはさまざまな種類の病気に罹(かか)るが，ヒトからヒトへうつる伝染性の病気は，感染してしまったヒトはもとより，周辺のヒトにも連鎖的な災いをもたらす厄介なものである．伝染性の病気の中には，昆虫やダニがその病気の原因となる病原体を媒介しているものが少なくない．この本が対象としているのは，これら，ヒトや動物に病気をうつしたり，咬んだり刺したりして健康被害を及ぼす昆虫やダニなどの節足動物である．歴史は，それら節足動物媒介性の感染症の流行が人類にとってとてつもなく大きな脅威となりえることを物語っている．中世ヨーロッパにおけるペストの流行（ノミが媒介）は壊滅的な災厄となり，その人口を激減させてしまったことはあまりにも有名である．節足動物媒介感染症の脅威はけっして過去のものではない．現在でも，世界の人口のおよそ半分，約 32 億人がマラリア（ハマダラカという蚊が伝播(でんぱ)）のリスクに曝されていると推測されている．

　日本においては，明治以降の衛生教育の徹底のおかげもあり，衛生環境がきわめてよく，とくに 1970 年以降は節足動物媒介性の感染症に対する脅威をほとんど感じることなくすごすことができていた．ところが，この状況は急速に変わりつつある．近年，国境を越えたヒトの往来が盛んになり，感染症の流行地をそれと知らずに訪れるヒトも増えてきている．これにともない流行地において病気に潜伏感染し，帰国後に発症する事例が増えているのである．また，地球規模での気候の温暖化は病気を媒介する熱帯性の昆虫の生息域を着実に拡大させ，これまで越冬できなかった地域にもこれらの虫たちが定着し始めている．

　私たちの身の回りに脅威が迫りつつあることを認識させる事態が 2014 年の夏に起きた．代々木公園とその周辺で起きたデング熱の国内感染の事例については，マスコミでも連日のように取りあげられたのでご記憶の方も多いと思う．幸いにも翌年は国内感染事例は発生しなかったが，これは国内での発症者がゼロであることを示すものではない．海外で感染した旅行者が帰国後に発症する例は年々増加している．また海外では，2015 年以降，中南米を中心にジカウイルス感染症の流行が続

いている．妊婦がこの病気に感染すると小頭症の子どもが生まれてくる可能性が高いとの懸念が連日報道され，大きな話題となった．マダニが媒介する重症熱性血小板減少症候群（SFTS）も，その高い致死率が大きな驚きをもって報道されている．

　日本昆虫科学連合では，このような状況に鑑み，一般の方々に感染症媒介性の昆虫やダニなどの節足動物とその被害に関する正しい知識を深めていただくことを目的として，2015年8月1日にシンポジウム「衛生動物が媒介する病気と被害」（日本学術会議と共催）を開催した．当日はたいへん暑いなか，150名を超える方々の参加を得ることができ，このテーマに対する関心の高さを実感した．この本は，このシンポジウムにおける講演を中心に，あらたな項目も加えて編成したものである．この本が日本における節足動物媒介感染症と衛生昆虫類による健康被害の実態に対する理解を深めるとともに，それら招かれない虫との関わり方を探る一助となることを強く願っている．

日本昆虫科学連合
代表　石川幸男

付　記：この本で採用したヤブカ属とイエカ属（双翅目＝ハエ目）の種・亜種の学名ならびにダニ類の高次分類体系について

ヤブカ属とイエカ属

　ヤブカ属 *Aedes* とイエカ属 *Culex* のうち，この本に登場し，日本から記録のある種・亜種はネッタイシマカ *Aedes aegypti*，ヒトスジシマカ *Aedes albopictus*，トウゴウヤブカ *Aedes togoi*，ヤマトヤブカ *Aedes japonicus*，アカイエカ *Culex pipiens pallens*，コガタアカイエカ *Culex tritaeniorhynchus*，チカイエカ *Culex pipiens* form *molestus*，トビイロイエカ *Culex pipiens pipiens*，ネッタイイエカ *Culex quinquefasciatus* である．しかし，日本産昆虫の最新の目録（日本昆虫目録編集委員会 2014）によれば，これらの種・亜種の学名の多くが以下のように変更され，とくに *Aedes* 属では，2000 年以降の分類学的研究成果（Reinert et al. 2009 他）にもとづき，大幅に改められている．

　　ネッタイシマカ *Stegomyia aegypti*
　　ヒトスジシマカ *Stegomyia albopicta*
　　トウゴウヤブカ *Tanakaius togoi*
　　ヤマトヤブカ *Hulecoeteomyia japonica japonica*
　　アカイエカ *Culex pipiens pallens*
　　コガタアカイエカ *Culex tritaeniorhynchus*
　　チカイエカ *Culex pipiens pipiens*
　　（和名なし）*Culex pipiens pipiens* form *molestus*
　　ネッタイイエカ *Culex pipiens quinquefasciatus*

ところが，この目録の出版後，*Aedes* 属を含む Aedini 族の分類大系を 2000 年以前に戻すべきとする論文が公表された（Wilkerson et al. 2015）．この主張は，Reinert らが系統解析に使用した形態データを別の解析手法で再検討した結果にもとづいている．この本では，以上の経緯をふまえ，これまでの応用および生態分野での文献を参照する際の便宜も考慮し，冒頭に示した和名および学名を使用することとした．

ダニ類

　日本においては，これまでダニ類はダニ目 Acari という分類単位でまとめられていた．しかし，近年になり，ダニ類の高次分類体系が大きく見直され，ダニ類を一階級格上げし，ダニ亜綱 Acari（=Acarina）とされるようになった（Krantz and Walter 2009）．これにともない，従来のマダニ亜目 Metastigmata，カタダニ亜目 Holothyrida，ケダニ亜目 Prostigmata はそれぞれマダニ目 Ixodida，カタダニ目 Holothyrida，ケダニ目 Trombidiformes とされた．しかし，このような新しい高次分類体系がダニ類研究者の間でも広く，かつ完全に受け入れられているわけではない（青木 2015）．この本においては，他分野でのこれまでの扱いとの隔たりも考慮し，あえてこの新体系に従わないこととした．

参考文献

青木淳一 編（2015）日本産土壌動物：分類のための図解検索．第二版．東海大学出版会．1969 pp.

Krantz, G.W. and D.E.Walter eds (2009) A Manual of Acarology, 3rd ed. Texas Tech University Press, Texas. 807 pp.

日本昆虫目録編集委員会編（2014）日本昆虫目録第 8 巻第 1 部 双翅目（第 1 部 長角亜目―短角亜目無額嚢節）．発行：日本昆虫学会．販売：櫂歌書房，東京．539 pp.

Reinert, J.F., R.E. Harbach and I.J. Kitching (2009) Phylogeny and classification of tribe Aedini (Diptera: Culicidae). *Zool. J. Linn. Soc.* 157: 700-794.

Wilkerson, R.C., Y.M. Linton, D.M. Fonseca, T.R. Schultz, D.C. Price and D.A. Strickman (2015) Making mosquito taxonomy useful: a stable classification of tribe Aedini that balances utility with current knowledge of evolutionary relationships. *PLoS One* 10: e0133602.

佐藤宏明，沢辺京子，津田良夫，山内健生

目　次

まえがき ……………………………………………………………… 石川 幸男　xi

I 部　虫がもたらす感染症と健康被害

はじめに ……………………………………………………………… 沢辺 京子　1

1章 デング熱をはじめとする蚊がうつす病気の生態学 ……… 津田 良夫　4

コラム 1 海外から侵入する蚊媒介感染症とそのベクター ………… 沢辺 京子　20

2章 致死率20％以上の病原体を運ぶマダニが身近に！ ……… 前田 健　26

3章 マダニ人体刺症とその対策 …………………………………… 山内 健生　42

コラム 2 節足動物の刺咬・吸血による皮膚障害 ………………… 夏秋 優　56

4章 ツツガムシの刺咬による健康被害「つつが虫病」……… 佐藤 寛子　59

コラム 3 節足動物媒介感染症の診断 …………………………… 松岡 裕之　71

5章 ヌカカ媒介感染症　小さなヌカカが家畜にもたらす大きな被害 ……… 梁瀬 徹　74

6章 ハエが関わる感染症 …………………………………………… 小林 睦生　88

II 部　招かれない虫たちとの関わり方　対策と利用

はじめに ……………………………………………………………… 橋本 知幸　99

7章 都市の衛生害虫管理　IPMの考え方と実践 ……………… 平尾 素一　101

コラム 4 基盤資源としての昆虫標本・データベース ………… 多田内 修　110

8章 殺虫剤による駆除の実際と課題 ……………………………… 橋本 知幸　113

9章 トコジラミの刺咬による健康被害とその対策 …………… 木村 悟朗　127

10章 サシチョウバエの分類・同定とその対策 ……………… 三條場 千寿　141

コラム 5 分析ツールとしてのDNAバーコーディングの可能性 ……… 比嘉 由紀子　150

11章 感染症流行の数理的研究 …………………………………… 高須 夫悟　153

12章 蚊の行動を制御する現象　誘引と忌避 …………………… 川田 均　163

13章 作用点の変異による衛生害虫の殺虫剤抵抗性 ……………葛西 真治　179
コラム ⑥ 博物館標本を基軸とした分類学人材養成 …………………………大原 昌宏　196

あとがき ……………………………………………………………………安居院 宣昭　201
索　引　　205
編者・著者紹介　　219

I 部
虫がもたらす感染症と健康被害

　節足動物とは，脚が6本ある昆虫，昆虫に姿・形はよく似ているが脚は6本ではない動物，たとえばダニ，クモ，サソリやムカデ，さらに甲殻類なども含め，100万種以上にも及ぶという動物界最大の分類群（グループ）である．それら節足動物が伝播（でんぱ）に関わる病気を節足動物媒介感染症といい，その媒介者をベクターと呼ぶ．節足動物媒介感染症の多くは，病原体がベクターの体の中で成長・増殖し，ベクターが吸血や刺咬することで別の動物に病原体が媒介されて感染が成立する．「感染症法」により4類感染症に分類された44疾患の約半数が節足動物媒介感染症である（表1）．蚊，ダニ，シラミなど多くの種類がベクターとなるが，その中でも蚊が媒介する疾病がもっとも多く，次いでダニが続く．

　「感染症法」ってなに？　わが国では，コレラや赤痢（せきり）をはじめとする10種の急性伝染病の予防に関して，1887年に伝染病予防法が施行された．その後約100年間にわたり伝染病の予防と医療の普及が図られてきたが，1998年10月2日に感染症法が制定された（伝染病予防法は1999年4月1日に廃止）．その後，2002年に重症急性呼吸器症候群（severe acute respiratory syndrome, SARS；2類感染症に分類）の流行をきっかけに2003年に改正され，2007年には結核予防法と統合された．さらに，H5N1高病原性鳥インフルエンザ（2類感染症）および新型インフルエンザ（分類は新型インフルエンザ等感染症）の流行拡大に備え，2008年にも改正されている．4類感染症に分類された感染症を診察した医師は，最寄りの保健所への届け出が義務づけられ，患者数が全数把握されることになった．

　節足動物媒介感染症に話を戻そう．近年，蚊媒介感染症の中ではデング熱とジカウイルス感染症の流行，拡大が著しい．前者は2014年に約70年ぶりに国内感染例が発生し，輸入症例は年々増加している（2016年は戦後最高の330例）．後者は2015年以降ブラジルで大流行し，メキシコ，カリブ海諸国，アジア地域にもその流行域が拡大している（国内輸入症例は合計で15例）．2014年のデング熱国内発生を受けて厚生労働省は，デング熱とチクングニア熱を重点的な対

策を講じる必要のある蚊媒介感染症と位置づけ，2015年4月28日に「蚊媒介感染症に関する特定感染症予防指針」を告示し適用した．この指針の中には，平常時から媒介蚊の対策をおこなうことが重要であると書かれている．世界保健機関（WHO）は，仏領ポリネシアとブラジルでの流行に際して，ジカウイルス感染と小頭症やギラン・バレー症候群との関連性が指摘されたことから，2016年2月1日に「国際的に懸念される公衆の保健上の緊急事態（Public Health Emergency of International Concern, PHEIC）」を宣言した．その後11月18日に解除されたが，この感染症には依然として不明な点が多く，解決に向けた持続的な研究を必要とする公衆衛生上大きな課題であるという位置づけは変わっていない．1章では，デング熱，ジカウイルス感染症の主要なベクターであるヒトスジシマカの生態学を中心に，ベクターマネジメント（媒介蚊対策）の重要性についても言及されている．

　ダニ媒介感染症の中では日本紅斑熱がもっとも患者数が多く，最近では年に250例を超える患者数を記録している．また，ライム病や野兎病などの患者も従来から発生している．しかし，これまで以上にダニが注目されるきっかけとなったのは，2013年1月，国内で初めて重症熱性血小板減少症候群（severe fever with thrombocytopenia syndrome, SFTS）の患者発生が報道されたことであろう．SFTSはその後も西日本を中心に患者が発生し，2005年から2016年までの合計は200名を超え，高齢者を中心に高い死亡率（23%）を示すことが報告されている．最近の知見では，患者が発生していない地域からもウイルス抗体陽性の野生動物が確認されており，複数種のマダニからウイルス遺伝子が検出され，患者発生は徐々に東に拡大しているという．また，2016年にはダニ媒介脳炎の患者が23年ぶりに発生した．2章ではSFTSウイルス発見に至る経緯が詳細に書かれており，ダニ媒介感染症の脅威が伝わってくる．さらに3章では，マダニは山間部だけに生息するものではなく，野外の至る所にいると書かれてあり，マダニがより身近な虫に感じられる読者も多いのではないだろうか．刺されないための方法，刺された後の対処法など，マダニの生態と形態を通して記憶しておきたい情報である．

　ダニ目に分類されるツツガムシはダニと形がよく似ているが，その体長は0.2〜0.4 mm程度．目に見えないほどの小さな虫である．一生涯の中で幼虫期にのみ地上に出現してネズミやヒトを吸血するが，それ以外の時間のほとんどは枯葉の下か土の中で生活している．このようにヒトとの接点が少ない割に患者数はひじょうに多く，年間400名を超えることもある．「恙無く」という言葉は使っていても，ツツガムシという虫をご存知ない方は多いのではないだろうか．4章ではこの小さな虫の生態とその被害について紹介されている．

　「糠粒のように小さい蚊」という意味から名前がつけられたヌカカは，1〜数mm（蚊の10〜5分の1程）の小さな虫である．ヌカカが伝搬するアカバネ病やチュウザン病などは，ウシの流行性異常産（早産・流産・先天性異常など）や熱病を引き起こすことが知られており，とくに獣医分野での重要性が高い．また，ヌ

カカが風に乗って飛んでくることも研究者の間では認知されており，国内で流行する感染症が海外と深く関係していることも理解できる．5章では，ヌカカの生態とおもに家畜への影響について詳しく紹介されている．

　一方，動物が単にベクターの体表に付着した病原体や，増殖せずに消化管を通過するだけで，糞と共に排泄された病原体によって汚染されるなどして感染が成り立つ場合もある．ハエやゴキブリが消化器系病原細菌，原虫，蠕虫（ぜんちゅう）など30種類以上の病原体を機械的に運ぶことがよい例である．現在の日本では，ハエの問題はなくなったかのように思えるが，東日本大震災後の津波被災地では，肥料や冷凍魚が大量に散乱しイエバエが大発生した．衛生上問題となり，感染症の流行も危惧された．感染症とヒトとの戦いの長い歴史の中では，ハエを知らずには感染症を語ることはできないであろう．6章では，イエバエが腸管出血性大腸菌O157を運び，クロバエがH5N1亜型高病原性鳥インフルエンザウイルスの伝播に関与した事例など，最近の知見も加えて詳しく解説されている．

　このように，節足動物には病原体を媒介する虫がいると同時に，感染症の伝播には直接関係しないが，刺症，咬症被害などの健康被害をもたらす虫も多く存在している．Ⅰ部では，これら節足動物がもたらす感染症と健康被害の状況を中心に紹介しているが，一口に「虫」といっても，それぞれが多様な顔をもち，豊かな個性をもっていることがおわかりいただけると思う．読者には，ヒトや動物に被害を及ぼす「招かれない虫」の顔の裏に，虫本来の魅力的な顔があることを想像しながら，「虫」をより身近な存在として感じていただければ幸いである．

沢辺 京子

表1　感染症法による感染症の分類と疾患名

類型	対象となる疾患		
1類感染症 (7疾患)	エボラ出血熱 南米出血熱 ラッサ熱	クリミア・コンゴ出血熱 ペスト	痘瘡 マールブルグ病
2類感染症 (7疾患)	急性灰白髄炎 SARS H7N9鳥インフルエンザ	結核 MERS	ジフテリア H5N1鳥インフルエンザ
3類感染症 (5疾患)	コレラ 腸チフス	細菌性赤痢 パラチフス	腸管出血性大腸菌感染症
4類感染症 (44疾患)	E型肝炎 エキノコックス症 オムスク出血熱 Q熱 サル痘 腎症候性出血熱 炭疽 デング熱 東部ウマ脳炎 日本脳炎 鼻疽 ヘンドラウイルス感染症 マラリア リッサウイルス感染症 レジオネラ症	ウエストナイル熱 黄熱 回帰熱 狂犬病 ジカウイルス感染症 西部ウマ脳炎 チクングニア熱 鳥インフルエンザ（H5N1及びH7N9除く） ニパウイルス感染症 ハンタウイルス肺症候群 ブルセラ症 発疹チフス 野兎病 リフトバレー熱 レプトスピラ症	A型肝炎 オウム病 キャサヌル森林病 コクシジオデス症 SFTS ダニ媒介脳炎 つつが虫病 日本紅斑熱 Bウイルス病 ベネズエラウマ脳炎 ボツリヌス症 ライム病 類鼻疽 ロッキー山紅斑熱
5類感染症 (22疾患)	アメーバ赤痢 麻疹ほか	風疹	梅毒

SARS：重症急性呼吸器症候群，MERS：中東呼吸器症候群，SFTS：重症熱性血小板減少症候群
■ 節足動物媒介感染症

1章
デング熱をはじめとする蚊がうつす病気の生態学

津田 良夫

はじめに

　蚊が病気をうつすことがはじめて明らかにされたのは19世紀末である．英国の医師ロナルド・ロスは，ヒトのマラリアがハマダラカによってうつされることを発見し，1902年度のノーベル生理学・医学賞を授与されている．その後の約100年間に，フィラリア症，黄熱，日本脳炎，デング熱，チクングニア熱，ウェストナイル熱，ジカウイルス感染症などのヒトの感染症が蚊によって媒介されることが明らかにされてきた．蚊だけでなく吸血性のサシガメやブユ，サシチョウバエ，さらにマダニ類などによって媒介される病原体も発見され，世界保健機関（World Health Organization, WHO）によれば現在知られている感染症の約17％が媒介者（ベクター）によって伝播される病気であるとされている．

　蚊が媒介する病気はヒトに限らず家畜や野生動物からも報告されているが，この章ではヒトの蚊媒介感染症をとりあげ，まずその生態学的な側面について解説する．また，病気の流行のようすや分布はその病気の対策としておこなわれる人為的な活動に大きく影響される．ここでは，病気の流行の基盤となっている媒介蚊の生態に関係する自然の要因を中心に述べることにする．

蚊がうつす病気の流行と地理的な分布

　言うまでもなく，蚊媒介感染症は媒介者の蚊がいなければ病気の伝播は起こらない．したがって，蚊媒介感染症が問題になるのは，病気を媒介することができる蚊が生息している地域に限られる．蚊は変温動物で

あり，発育や生存，そして繁殖は生息環境の温度条件に大きく依存している．そのため，蚊の地理的な分布域は温度条件によってもっとも大きく制約される．熱帯・亜熱帯地域は気候条件が蚊の生存・繁殖に適しているため，多様な種類が生息しており，また，これらの蚊によって媒介される病気の種類も多い．たとえば，熱帯熱マラリアやフィラリア症，デング熱が常在しているのは，熱帯・亜熱帯地域に限られる．これに対して，温帯地域には低温で乾燥した冬があるため，蚊の個体群が存続するには越冬のために特別な適応が必要である．温帯地域で現在も患者が報告されている蚊媒介感染症としては，日本脳炎，ウェストナイル熱，三日熱マラリアなどがあるが，温帯地方に生息する蚊の種類数も，蚊が媒介する病気の種類も熱帯地域よりはるかに少ない．

熱帯・亜熱帯地域が蚊の生息に適しているということは，蚊が媒介する病気の流行にも適していることを意味している．たとえば，WHOによれば2013年のマラリアによる死亡患者数は584,000人と推定されているが，その90％はアフリカから報告されている．このように，蚊が媒介する病気の感染者が熱帯・亜熱帯地域に集中する傾向は，フィラリア症やデング熱，黄熱などでも認められている．温帯地域にもたとえば日本脳炎のように蚊が媒介する感染症はあるが，患者が発生する時期は蚊の繁殖が最盛期となる夏から秋に限られている．これは日本脳炎に限らず，温帯地域で流行する他の蚊媒介感染症でも同様である．

蚊がうつす病気の分布に見られる生態学的な特徴

熱帯・亜熱帯地域には蚊が媒介する病気が多いということを述べたが，たとえば，熱帯地域のタイのバンコクで生活する場合を考えると，デング熱にかかるリスクはひじょうに高いが，マラリアや日本脳炎にかかるリスクはきわめて低い．その理由は，バンコクのように都市化が進んだ環境はデング熱の媒介蚊の生息には好適ではあるが，マラリアや日本脳炎の媒介蚊の生息には適さない，つまりバンコクにはマラリアをうつす蚊も日本脳炎をうつす蚊もいないからである．

海岸から低地，丘陵地，山地へと地形が変化する広い地域を考えると，広さや水質などが異なるさまざまな水域が存在している．そして，それぞれの水域にはその水域の生態学的な特徴に適した種類の蚊が生息して

いる．その結果，海岸沿いには塩性湿地や海水溜まりなどに発生する蚊が分布し，少し内陸に進むと低地の湿地や水田に発生する蚊，さらに丘陵地の近辺では，樹洞や岩の窪みなどに発生する蚊，さらに森林には地表にできる水溜りに発生する蚊が分布するというぐあいに，地形のクライン（cline，勾配）にともなって，分布する蚊の種類も連続的に変化している．これを，生態学では zonation（帯状分布）と呼んでいる．

　蚊によって媒介される病気は蚊が生息していなければ流行しないから，蚊の空間分布に zonation が認められるのと同様に，蚊が媒介する感染症にも基本的には zonation が認められるはずである．たとえば東南アジアの内陸部を想定すると，森林や山脚部にはマラリアが，低地の水田地帯には日本脳炎が，そして都市部にはデング熱が分布するというぐあいである．

　zonation は生息環境の空間的な違いに対応した蚊相の変化を示しているが，生息環境は開発に伴う森林の伐採や農耕地の開拓，集落の形成，さらに都市化の進展というように時間的にも変化している．そして，このような環境変化に対応して蚊相が年々変化し，蚊の種類が時間的に置き換わることによって，蚊によって媒介される病気の種類もまた移り変わっていく．東南アジアを例に挙げると，森林伐採地でまず問題になるのは森林生息性の媒介蚊によるマラリアの流行である．その伐採地の開発がさらに進み広範囲に水田が作られると，水田発生性の蚊が媒介する日本脳炎が流行する．さらに，その地域の都市化が進んで水田がなくなり都市環境に適したネッタイシマカ *Aedes aegypti*（口絵1）のような蚊が広範囲に生息するようになるとデング熱が流行するようになる．

蚊がうつす病気の流行のしくみ：感染サイクル

　蚊がうつす病気が流行するためには，生物学的な要素として，(1)病原体，(2)病原体を媒介できる蚊，そして (3)病原体の宿主となる動物（体内で病原体が繁殖／発育できる動物）が必要である．病気の流行とは，病原体が媒介蚊によって健康な宿主に次々とうつされ，新しく感染する宿主の数が増加していくことを言う．病原体に注目すれば，病気の宿主から媒介蚊へ病原体がうつされ，その媒介蚊から健康な宿主にうつされ，その宿主が発症し吸血されることによって別の媒介蚊に病原体が

うつされるというプロセスが続いていく．このように同じプロセスが繰り返されることから，病原体 – 蚊 – 宿主動物によって作られるこのプロセスを輪にたとえ，感染サイクル（感染環）と呼ぶ．1種類の病原体であっても，宿主動物がヒトだけというわけではなく，野生動物や家畜が宿主となる病原体もある．たとえば，日本脳炎ウイルスではブタやイノシシ，サギ類なども宿主となる．また，媒介可能な蚊は1種類とは限らない．1999年以降北米大陸で大流行しているウェストナイル熱は，59種の蚊と284種の野鳥が感染していることが報告されている（Kramer et al. 2008）．流行に関与する蚊の種類や宿主動物の種類が多くなると感染サイクルはひじょうに複雑になる．

　デングウイルスの感染サイクルは日本脳炎ウイルスやウェストナイルウイルスに比べれば，さほど複雑ではない．デング熱が常に存在する地域では，デングウイルスには4つの血清型が知られていて，媒介蚊として問題になる主要な種は，多くの場合，ネッタイシマカ1種だけで，宿主動物もヒトだけと考えてよい．

媒介蚊の生態と病気流行のダイナミクス

　媒介蚊が生息している地域に何らかのかたちで病原体がもち込まれると，感染サイクルが成立して病気の伝播が始まる．病気に感染したヒト（あるいは媒介蚊）の数は時間経過とともにどのように変化するのか，その地域に住んでいるヒト（あるいは媒介蚊）の何割が病気に感染するのか，これらの疑問は病気の流行に密接に関わるもので，数学的なモデルに基づいて理論的に研究されている．このような理論的研究については11章で解説されているので，ここでは詳しくは触れない．理論的研究の結果から，同じ蚊と病原体の組み合わせであっても，流行が起こる地域の環境条件が異なれば媒介蚊の生息密度が異なったり蚊とヒトが遭遇する頻度が異なったりするので，流行の大きさ（感染者の総数）や感染者の時間的推移には場所によって大きな違いが出ることが予想されている（Anderson and May 1992）．また，同じ病原体であっても媒介する蚊の種類が異なれば，病気流行の様相はやはり大きく異なると考えられる．2000年代になって，温帯地方でウェストナイル熱などいくつかの蚊媒介感染症の流行が報告されているが，その詳細は津田（2013）に紹

介されている．以下ではデング熱を取り上げ，現地調査をおこなった2つの流行事例について，流行がどのような場所で起こり，媒介蚊はどんなところにどの程度発生していたのかなど，媒介蚊研究の立場から紹介する．

生態調査の実例1：東チモールにおけるデング熱の大流行

2005年1月末，出張中の私に電話連絡があった．東チモールでデング熱の大流行が起き死亡者も報告されていて，WHOが国際的な専門家チームを派遣することになった．筆者の所属先にウイルス学者と昆虫学者を派遣して欲しいという要請が来ているが行くことができるか，という話だった．出張を早めに切り上げて，東チモール行きの準備を始めた．一日も早く出かけたかったのだが，渡航のための書類の準備やWHOとの日程調整がスムースに進まず，2月11日にようやく出発することができた．

インドネシアのバリ島からオーストラリアのダーウィンを経由して東チモールの首都ディリに到着し，そのままWHOのオフィスへ行き現状について説明を受けた．2月11日の時点で，報告された患者数は196人，このうち死亡者は18人（死亡率9.2％）で，患者の約50％は4歳以下の子どもたちだった．さらに1～4歳の患者の死亡率は，14.0％（12/86）とひじょうに高く，早急の対応が必要であった．

このとき私に与えられた仕事は，媒介蚊の発生状況を調べ有効な対策について助言することだった．そこで現地調査の方針を立てるために，患者に関するデータをさらに詳しく検討した．ディリ市内には40の町があり131人の患者が報告されていた．町ごとに患者数を比較すると，患者が報告されたのは25の町で，さらに患者の半数は4つの町で発生していることがわかった．デング熱を媒介する蚊は，移動範囲が数百メートルほどで，この範囲にある家屋の内外で吸血してデングウイルスを伝播する．そのため，デング熱患者の分布は狭い範囲に集中する傾向がある．このような理由から，患者が集中している場所は流行の核と考えられ，優先的に媒介蚊対策を実施する必要がある．ディリの場合，患者が集中している4つの町が感染の核となって，周囲に感染が拡大しつつあると考えられた．そこで，これらの町の位置関係を検討して，調査

地として3つの町を選んだ．

デング熱の媒介蚊

熱帯・亜熱帯地域におけるもっとも重要なデング熱媒介蚊は，ネッタイシマカとヒトスジシマカ Aedes albopictus（口絵2）である．ネッタイシマカは中部アフリカに起源をもつ蚊で，大形帆船による奴隷や物資の輸送に際して世界中の熱帯・亜熱帯地域に分布を広げたと言われている（Powell and Tabachnick 2013）．ヒトスジシマカは東南アジアに起源をもつ蚊で，米国には1980年代に輸入された古タイヤに付着した卵によって侵入し，その後約30年間で，南北アメリカ大陸，ヨーロッパ，アフリカ大陸へと分布を拡大した（Benedict et al. 2007）．どちらの蚊もデングウイルスを媒介できるが，ヒトを好んで吸血する性質の強さや屋内吸血性，幼虫の発生源が屋内にあることなどの生態的な理由から，ウイルスを媒介する能力はネッタイシマカの方が高いとされている．東チモールの場合は，ネッタイシマカもヒトスジシマカもどちらも生息しているため，デング熱流行の核となっている町でこれらの媒介蚊の発生状況を明らかにする必要があった．

デング熱媒介蚊の発生状況調査

デング熱媒介蚊の防除の基本は幼虫対策である（WHO 2009）．その理由は，幼虫（ボウフラ）の発生源が人家周辺や屋内に集中しており，また多くの発生源が小型の人工容器なので発生した幼虫を取り除いたり容器じたいを廃棄したりすることが容易なためである．小さいものは湯飲み茶わんや空き缶から，植木鉢の水受け皿，古タイヤや水がめ，そして大きいものではドラム缶やコンクリート製の水槽まで，水が溜まる容器ならどんなものでもネッタイシマカやヒトスジシマカの発生源になる．このようにデング熱媒介蚊が発生源として利用できる容器の種類は多いけれども，ある地域で発生源になっている容器を実際に調べると，地域によって容器の種類構成がかなり異なっていることがわかる．そして，ある地域で数が多く，1個の容器から発生する蚊の数も多い容器は多数の蚊を生産するため，その地域のデング熱媒介蚊の集団を支えるうえでもっとも重要な発生源と考えられ，productive larval habitats（WHO 2009）とか key container（Tun-Lin et al. 1995）と呼ばれている．この

key container を明らかにして,そこに発生する幼虫の有効な対策方法を考案することが,デング熱媒介蚊の発生状況調査の主目的ということができる.

　住宅街を対象にした発生源調査はやりづらい.それは個人の住居を1軒ずつ訪ねて調査への協力を頼み,家屋の周囲だけでなく屋内にまで立ち入って調査する必要があるためである.家が留守の場合は調査ができないし,人がいても調査して欲しくないという場合もある.そのため,このような調査では地元の保健所職員や村の役員に同行してもらい,調査協力をお願いするのが一般的である.

　ディリ市内のデング熱媒介蚊の調査は,保健省の若手職員1名と地元の保健所職員1名に私を加えた3名で実施した.保健省の職員はほとんど蚊のことを知らないので,作業を進めながら彼を教育することも重要な任務だった.

東チモールとは？

　現地調査の結果を紹介する前に,東チモールという国について簡単に説明しておく.この国は,独立・解放勢力と反対勢力の間の紛争(東チモール紛争)を経て2002年にインドネシアから独立した新しい国で,人口は約100万人(2008年の統計)である.私が訪れた2005年は独立して3年が経過したばかりで,政治的な安定を取り戻しつつあった.しかし,ディリ市内には市街戦の跡が色濃く残り,商店もシャッターを下ろしているものが多かった.WHOのオフィスがある建物の周囲は,有刺鉄線で作られたバリケードで囲まれており,東チモールの保健省はプレハブの建物の中にあった.それまで私が訪れた東南アジアの街と比較して,もっとも荒れ果てた殺伐とした街だった.政治的にも経済的にも,そして社会的にも混乱が続いている状態だったため,デング熱患者の発生と患者の高い死亡率は東チモール政府にとってひじょうに大きな脅威だったにちがいない.

デング熱媒介蚊の発生状況

　調査のために町に足を踏み入れると,多くの家はトタン屋根とモルタルや板で作られた壁で囲まれた簡単な作りで(図1-1),壁と屋根の結合部や壁面のあちこちに隙間があった.家の周りには戦闘で壊されたと思

図1-1 東チモールでデング熱が流行した街区(左上), 簡易シャワー室(左下), 簡易シャワー室内の貯水用ドラム缶(右上), 室内の台所(右下).

表1-1 東チモール, ディリ市でおこなった幼虫発生源調査(2005年2月14〜21日)の結果

容器の種類	屋内 数	%	屋外 数	%	合計 数	%	蚊の種類 ネッタイ	ヒトスジ
ポリタンク	216 (9)	4.2	54 (6)	11.1	270 (15)	5.6	8	2
ドラム缶	3 (2)	66.7	40 (12)	30.0	43 (14)	32.6	12	3
セメントタンク	30 (7)	23.3	7 (3)	42.9	37 (10)	27.0	10	3
古タイヤ	2 (1)	50.0	29 (20)	69.0	31 (21)	67.7	12	8
バケツ	24 (7)	29.2	5 (1)	20.0	29 (8)	27.6	7	3
植木鉢	2 (1)	50.0	2 (2)	100.0	4 (3)	75.0	2	2
大形貯水タンク	1 (0)	0.0	2 (0)	0.0	3 (0)	0.0	0	0
排水溝	0 (0)	0.0	1 (1)	100.0	1 (1)	100.0	0	0
その他	2 (0)	0.0	4 (3)	75.0	6 (3)	50.0	3	0
合計	280 (27)	9.6	144 (48)	33.3	424 (75)	17.7	54	21

カッコ内の数字は, 幼虫が発生していた容器の個数を示す.

われる家屋や破壊された建物の基礎の枠組みもふつうにみられた．町のようすは，東南アジアの都市にあるスラム街と似ており，デング熱が流行するリスクはひじょうに高いと感じた．

　3つの町で合計60軒を調査して，ボウフラの発生源となる人工容器は8種類で，合計424個だった（表1-1, 図1-1）．もっとも数が多かった容器はポリタンク（270個）で，次はドラム缶（43個），セメントタンク（37個）の順であった．ポリタンクは飲料水や料理で使う水の保存に使われているものがほとんどで，頻繁に水の出し入れがあるためボウフラの発生率は6％にすぎなかった．ドラム缶とセメントタンクはボウフラの発生率がそれぞれ33％，27％であった．これらの容器は水浴びや洗濯などで使用する水を確保するために使われるため多量の水を貯めてあり，水量が減れば補充されるのでボウフラにとっては安定した発生源と考えられる．発生源となっているこれらの容器は日常生活に不可欠なもので，廃棄することはできない．廃棄したり，水が溜まらないように注意することで減らすことができる発生源は，植木鉢，バケツ，古タイヤだけだった．発生していた蚊の種類は5種類だったが，もっとも多く発生していたのはネッタイシマカで次いでヒトスジシマカだった．これら2種の発生頻度を比較すると，ネッタイシマカはどの容器でもヒトスジシマカよりも発生頻度が高く，発生していた容器の総数はネッタイシマカが54個に対して，ヒトスジシマカは21個であった．

　発生源調査と並行して，屋内での捕虫網による成虫採集も実施した．その結果，ネッタイシマカに加えてネッタイイエカ *Culex quinquefasciatus*（口絵8）とヒトスジシマカ，イエカ属 *Culex* の1種が採集された．捕獲数がもっとも多かったのはネッタイイエカで雌202個体が捕獲され，このうち吸血していた個体は106個体だった．次に多かったのはネッタイシマカで雌108個体が採集され，59％に相当する64個体が吸血していた．これに対して，ヒトスジシマカはわずかに雌2個体しか採集されなかった．

　以上の調査結果は，ネッタイシマカが人家周辺や屋内の人工容器に高頻度で発生しており，屋内で吸血し，吸血した個体は屋内に留まる性質が強いことをはっきり示していた．これらの性質は，デングウイルスを効率よく媒介することを可能にしており，この地域におけるデング熱の重要な媒介蚊がネッタイシマカであることは明らかだった．

東チモールにおけるデング熱流行のその後：時間的推移

　媒介蚊の発生状況調査に基づいて媒介蚊対策に関する会議を開くことになっていたのだが，日程の調整がつかず私の滞在中に会議を開くことができなかった．そこで，患者が発生した時の緊急の媒介蚊対策と，媒介蚊の生息密度を低く抑えるための長期的な媒介蚊対策を区別する必要があることを述べたうえで，とくに幼虫（＝ボウフラ）発生源に対する実際的な対策として，古タイヤには穴をあけて水が溜まらないようにする，ポリタンクの水を頻繁に更新する，あるいは貯水タンクやドラム缶は幼虫が発生している場合にのみ幼虫用殺虫剤で処理するなどの具体的な提言を報告書にまとめて帰国した．東チモールでの2005年のデング熱患者数は2005年4月初めまで増加を続けたが，その後の約2か月で激減して，8月初めに報告された2名を最後に流行は終息した．この流行でデング熱と診断された患者の総数は1,009人，死亡者は39人と報告された（Kalayanarooj et al. 2007）．また，この時流行したデングウイルスは主として3型で，遺伝子の解析結果から，インドネシアやオーストラリアなど周辺国からもち込まれた可能性が高いと推察されている（Ito et al. 2010）．

生態調査の実例2：代々木公園周辺で起きたデング熱の流行

　東チモールのデング熱流行を例として，この病気の流行が起きた場所のようすやそこでの媒介蚊の生息状況について紹介したが，これらはデング熱が問題となっている他の国々でもよく似ており，デング熱流行の典型的な事例と言える．これに対して，2014年8月から10月に代々木公園とその周辺で起きたデング熱の流行（東京都福祉保健局 2014）はかなり特殊な事例ということができる．

　この流行では，2014年8月27日から10月31日までの間に162例の患者が報告された．患者の54％は10代と20代で，居住地は東京，神奈川，埼玉，千葉など19都道府県に及んでいた．この事例の一番の特徴は，ほとんどの患者が発症前に代々木公園やその周辺を訪問した履歴があったことである．この情報に基づいて東京都が9月3日に代々木公園でヒトスジシマカを採集したところ，そのサンプルからデングウイルスが検出された．これによって，代々木公園が感染地であることが確認

され，成虫に対する殺虫剤散布を主とした媒介蚊対策が実施された．また，患者が訪問した代々木公園以外の公園でも，成虫の生息状況調査が実施され，その結果に基づいて成虫駆除がおこなわれた．ここでは，この流行が起きた時点における，媒介蚊の発生状況とデングウイルス感染リスクについて解説する．

温帯地方ではヒトスジシマカが媒介蚊

　前述したように熱帯・亜熱帯のデング熱常在地域では，デングウイルスの伝播の主役はネッタイシマカである．ところが，冬季に気温が著しく低下する温帯地域にはネッタイシマカは生息できない．そのため，温帯の厳しい冬を生き残ることができ，加えてデングウイルスを媒介できるヒトスジシマカがネッタイシマカに代わってウイルス伝播の主役を務めるだろうと予想されてきた．しかし，東チモールのデング熱流行地でみたように，ヒトスジシマカの媒介能はネッタイシマカよりも小さいため，流行の規模は小さいだろうと予想されていた．また，台湾北部に生息するヒトスジシマカによるデング熱の流行事例から，流行が起きたとしても，冬季には媒介蚊がいなくなるため流行は自然に終息するとも予想していた．

患者が感染したのは都内の大きな公園

　2014年8月27日にデング熱の国内感染者が発生したという発表があり，その推定感染地が代々木公園だという報告を聞いたとき，何かの間違いではないかと思った．その第一の理由は，東チモールの例でみたようにデング熱の流行は住宅の密集地で起きるのがふつうであり，わが国で流行が起きる場合も住宅地だろうという先入観があったためである．ヒトスジシマカは屋内で吸血するよりも屋外で吸血する性質が強いのだが，家の庭でもよく人を刺す．したがって，デング熱が流行するリスクは，わが国の場合も住宅地でもっとも高いと考えていたし，実際，過去に長崎や沖縄で報告されたデング熱の流行は住宅地で起きていたためである．しかしその後，代々木公園を訪れデングウイルスに感染した人が複数報告される事態に至って，代々木公園とその周辺を感染場所と考えて，速やかに媒介蚊対策を講じる必要がでてきた．直ちに蚊を駆除するための殺虫剤散布を実施したいという強い意見があったが，問題となる

図1-2 媒介蚊の生息調査時の代々木公園のようす．桜の木の下にツツジなどの植込みがある．隣接する施設との間には柵があり，木が密に茂っていた．柵のために人の行き来はできないが，蚊の移動には支障はない．

媒介蚊の生息状況を知ることが第一と考えて，できるだけ短時間で成虫の生息状況を調べ，その結果に基づいて駆除対策を立てることにした．

"代々木の森"でヒトスジシマカが多いのはどこか？

　代々木公園のヒトスジシマカの発生状況を調べるにあたって，地図と航空写真によって公園の周囲のようすを調べた．代々木公園は明治神宮とオリンピック記念青少年総合センターに接しており，これらが一体となって大きな森"代々木の森"を形成していることがわかる．これらの施設の境界には柵が作られていたが（図1-2），蚊の動きには支障がないため，生息調査は代々木の森の全体を対象に実施する必要があった．

　デング熱媒介蚊の防除の基本は幼虫対策だと前述したが，これは媒介蚊の生息密度を長期間にわたって低く抑えることを目的とした防除の場合であり，代々木公園のように感染者が発生した緊急時に実施されるのは成虫対策である．緊急時の成虫対策の目的は，言うまでもなくウイル

スを保持した成虫を駆除して感染サイクルを遮断することである．蚊の吸血行動や移動・分散行動は種類によって大きく異なっているが，ヒトスジシマカは木の茂みに潜み，大きな茂みの中や茂みと茂みの間を移動しながら，潜伏に適した茂みに集まって来ると考えられている（津田 2013）．したがって，効率よく成虫を駆除するためには，代々木の森のどこにどれだけ媒介蚊が潜んでいるかを知ることが重要であり，多くの蚊が潜んでいる場所を優先的に駆除するのが実際的である．

代々木の森全体を20区画に分け，区画の大きさに応じて1区画当たり2〜7か所の採集場所を選んで，合計87か所で8分間の人おとり（囮）採集（口絵49M参照）をおこなった結果を図1-3に示した（Tsuda et al. 2016）．図中の円の位置は採集をおこなった場所を，また円の面積はその場所における密度を示している．白丸は成虫が採れなかった場所である．代々木の森全体の平均密度は7.13雌／人／8分だった．図から明らかなように，成虫の分布にははっきりとした偏りがあり，3つの施設の境界部分に多くの成虫が分布していた．ヒトスジシマカの場合，多数の成虫が刺しに来る場所は，その近くに好適な潜伏場所があると考えることができる．そこで，成虫の分布が集中しているエリアを，優先的な駆除対象とした．

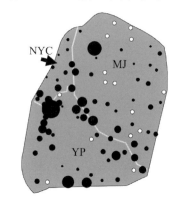

図1-3 代々木の森におけるヒトスジシマカ（雌成虫）の生息状況．黒丸の面積は8分間・1人あたりの飛来個体数を示す．白丸は飛来個体なしを意味する．YP=代々木公園，MJ=明治神宮，NYC=オリンピック記念青少年総合センター．

蚊の密度とデングウイルス感染リスク

この時採集された成虫からはデングウイルスが検出されており，推定感染率（ウイルスを保持していた蚊の割合）は約0.027であった．この推定感染率に基づいて，N匹の蚊を採集した時，その中に少なくとも1匹のウイルスをもった蚊が含まれる確率を求めることができる（津田 2015）．この確率は，蚊の採集数Nが大きくなると1.0に漸近する飽和曲線を描いて変化する．蚊の感染率が0.027と仮定して，感染蚊を捕

獲する確率が0.1，0.2，0.5となる蚊の個体数を求めると，順にN=4，8，25匹となった．ここで，感染蚊を捕獲する確率を，感染蚊に遭遇する確率と読み替えると，この確率が高い場所ほどデングウイルスに感染するリスクも高いと考えることができる．そして，当然のことだが，蚊がたくさんいる場所の方がウイルスに感染するリスクは高い．

代々木の森全体の平均的な密度（7.13）の場所では，8分間滞在することで感染蚊に遭遇する確率は0.18であったと推測される．2014年に報告されたデング熱の国内感染例に関して，積極的疫学調査がおこなわれている（国立感染症研究所2015, 島田ら2016）．この調査で代々木公園を1回訪問しただけでデング熱に感染した54例のうち，滞在していた時間について回答が得られた44例を集計したところ，1〜4時間がもっとも多く（39%），次いで30分〜1時間（19%）であった．これらの例に関して，公園に滞在中にどれくらい蚊に刺されたかという定量的なデータは得られていない．滞在していた時間が長くなるほど刺す蚊の数は多くなるので，代々木公園を訪れた人が30分〜4時間滞在し活動していた間に，仮に10〜50匹の蚊に刺されたと仮定する．上の遭遇確率に基づいて滞在中に感染蚊に刺された確率を推測すると0.24〜0.75という高い値が得られる．実際に何匹の蚊に刺されたかは不明だが，代々木公園を訪れた人がデングウイルスに感染するリスクは相当高かったと推察している．

代々木公園とその周辺や患者が報告された場所の周辺では，成虫の生息状況が調査され，駆除対策がおこなわれた．実施された対策の内容や駆除対策の効果に関しては関ら（2015），Tanigawa et al.（2015），津田（2016）に述べられている．

蚊がうつす病気を予防する：ベクターマネージメントの重要性

ここに紹介した流行事例が示すように，媒介蚊の種類や感染が起きた場所の環境条件や気候，その周辺に住む人々の生活様式などによって，デング熱の流行の規模や時間的推移は大きく異なる．そして，デング熱の流行は患者が報告されたときにはすでに始まっており，患者の発生時におこなわれるどのような対策も後手にまわってしまうことは明らかである．もっとも有効な予防策と考えられるデングウイルスに対するワク

チンは，開発途上でまだ利用できない．

　現時点で実施可能なデング熱対策として，ウイルスを媒介する蚊に対する対策（ベクターマネージメント）をおこなって，流行が起こらない程度に媒介蚊の発生を抑えることが試みられている．蚊がうつす病気には，媒介蚊の密度がある値よりも低くなると病気が流行することはなく，病原体が自然に消滅するという重要な特徴があることは，理論的な研究によって示されている．ただし，その状態を達成するために，どのような対策をどう組み合わせればよいのかという，より具体的なベクターマネージメントに関しては，いまだに成功例の報告はない．病気の流行がない平常時から媒介蚊の密度を抑える対策を講じることは，デング熱だけでなく，たとえば，近年急激に世界的な問題になりつつあるジカウイルス感染症のように，同じ種類の蚊が媒介する他の病気の予防にも直結するため，その意義は大きい．

参考文献

Anderson, R.M. and R.M. May (1992) *Infectious Diseases of Humans, Dynamics and Control.* Oxford University Press, Oxford.

Benedict, M.Q., R.S. Levine, W.A. Hawley and L.P. Lounibos (2007) Spread of the tiger: global risk of invasion by the mosquito *Aedes albopictus. Vector-Borne Zoonotic Dis.* 7: 76–85.

Ito, M, T. Takasaki, A. Kotaki, S. Tajima, D. Yuwono, H.S. Rimal, F. dos Santos, M.D. de Jesus, B.B. Lina, Y. Tsuda, C.K. Lim, R. Nerome, A. Calerés, N. Shindo, R.D. Drager, A. Andjaparidze and I. Kurane (2010) Molecular and virological analyses of dengue virus responsible for dengue outbreak in East Timor in 2005. *Jpn. J. Infect. Dis.* 63: 181-184.

Kalayanarooj, S., H.S. Rimal, A. Andjaparidze, V. Vatcharasaevee, A. Nisalak, R. G. Jarman, P. Chinnawirotpisan, M.P. Mammen, E.C. Holmes and R.V. Gibbons (2007) Clinical intervention and molecular characteristics of a dengue hemorrhagic fever outbreak in Timor Leste (2005) *Am. J. Trop. Med. Hyg.* 77: 534-537.

国立感染症研究所（2015）デング熱国内感染例の積極的疫学調査結果の報告．病原微生物検出情報（IASR）36: 137-140.

Kramer, L.D., L.M. Styer and G.D. Ebel (2008) A global perspective on the epidemiology of West Nile virus. *Ann. Rev. Entomol.* 53: 61-81.

Powell, J.R. and W.J. Tabachnick (2013) History of domestication and spread of *Aedes aegypti* - a review. *Mem. Inst. Oswald Cruz.* 108 (Suppl. 1): 11-17.

関 なおみ・岩下裕子・本 涼子・神谷信行・栗田雅行・田原なるみ・長谷川道弥・新開敬行・林 志直・貞升健志・甲斐明美・中島由紀子・渡瀬博俊・上田 隆・前田秀雄・小林一司・石崎泰江・広松恭子（2015）東京都におけるデング熱国内感染事例の発生について．日本公衆衛生雑誌 62: 238-249.

島田智恵・金山敦宏・松井珠乃・河端邦夫・福住宗久・有馬雄三・木下一美・砂川富正・池

田真紀子・津田良夫・高崎智彦・沢辺京子・大石和徳（2016） 2014 年の我が国のデング熱流行と今後の対策. 衛生動物 67: 39-41.
Tanigawa, T., M. Yamauchi, S. Ishihara, Y. Tomioka, G. Kimura, K. Tanaka, S. Suzuki, O. Komagata, Y. Tsuda and K. Sawabe (2015) Operation note on dengue vector control against *Aedes albopictus* in Chiba City, Japan, where an autochthonous dengue case was confirmed in September 2014. *Med. Entomol. Zool.* 66: 31-33.
津田良夫（2013）蚊の観察と生態調査. 北隆館，東京. 380 pp.
津田良夫（2015）代々木公園周辺で起きたデング熱流行時の媒介蚊調査に基づくデングウイルス感染リスクの評価. 衛生動物 66: 211-217.
津田良夫（2016） デング熱をはじめとする蚊媒介性感染症の現状. 学術の動向 21: 62-66.
Tsuda, Y., Y. Maekawa, K. Ogawa, K. Itokawa, O. Komagata, T. Sasaki, H. Isawa, T. Tomita and K. Sawabe (2016) Biting density and distribution of *Aedes albopictus* during the September 2014 outbreak of dengue fever in Yoyogi Park and the vicinity in Tokyo Metropolis, Japan. *Jpn. J. Infect. Dis.* 69: 1-5.
Tun-Lin, W., B.H. Kay and A. Barnes (1995) Understanding productivity, a key to *Aedes aegypti* surveillance. *Am. J. Trop. Med. Hyg.* 53: 595–601.
東京都福祉保健局（2014） 東京都蚊媒介感染症対策会議報告書. http://www.metro.tokyo.jp/INET/KONDAN/2014/12/DATA/40oco101.pdf
WHO (2009) Chap. 3. Vector management and delivery of vector control services. In *Dengue, Guidelines for Diagnosis, Treatment, prevention and Control*. 3rd ed. WHO, Geneva.

コラム1
海外から侵入する蚊媒介感染症とそのベクター

沢辺 京子

　戦後の日本の衛生状態は極度に悪く，多数の感染症が蔓延していた．当然その中にはマラリアやデング熱，日本脳炎などの蚊媒介感染症も含まれていた．しかし，その後の経済発展に伴い，日本の衛生環境は急速に改善され，有効なワクチンが開発されるなど，国内で報告される蚊媒介感染症のほとんどは，海外で感染して帰国したヒトが発症する輸入症例となった．しかし，ヒトや物の移動のスピードやグローバル化は一挙に進み，輸入感染症は増加傾向にある．ここでは，海外からヒトがもち込む蚊媒介感染症について，また，病原体の媒介者である虫じたいが海外から侵入している実態を紹介する．

ヒトによってもち込まれる蚊媒介感染症（輸入症例）

　2010年以降，国内で報告された蚊媒介感染症の患者数を表1に示した．その中でもデング熱の患者報告数の増加が著しい．デング熱は，日本でも1942年の夏に東南アジアから帰国した船員によって国内にもち込まれ，国内に生息するヒトスジシマカ*Aedes albopictus*（口絵2）が媒介蚊となって，その後の3年間で20万人以上が感染したともいわれる大流行が発生した．ちなみに，その際には患者だけでなく，媒介蚊であるネッタイシマカ*Aedes aegypti*（口絵1）も船でやってきたようである（栗原 2015）．その後69年間は輸入症例のみであったが，2013年にドイツ人女性が日本旅行から帰国した直後にデング熱と診断され，日本国内で感染したことが強く疑われる事例が発生した（Schmidt-Chanasit et al. 2014）．さらに翌2014年には，東京都内を中心に162名の国内感染例が報告される事態となった（Kutsuna et al. 2014, Arima et al. 2015；1章13頁参照）．幸い，2015年，2016年の国内感染例はなかったものの，2016年の輸入症例は330名で，戦後最高を更新している（国立感染症研究所 2016）．

　デング熱の次にマラリアの輸入症例が多い．マラリアは1960年代以降，国内での感染（土着マラリア）は消滅したと考えられており，1980年代以降の患者報告は海外渡航者による輸入症例のみである．媒介蚊はハマダラカ属*Anopheles*の蚊で，三日熱マラリアを媒介する種類は，シナハマダラカ*An. sinensis*（口絵10）を含めて3類類が国内に生息している．また，熱帯熱マラリアの媒介能があるとされるヤエヤマハマダラカ*An. yaeyamaensis*は石垣島に生息している．チクングニア熱は

表1　国内における蚊媒介感染症患者報告数（2010～2016年）

年	マラリア (ハマダラカ属の蚊)	デング熱 (ヒトスジシマカ)	チクングニア熱 (ヒトスジシマカ)	日本脳炎** (コガタアカイエカ)	ジカウイルス感染症 (ヒトスジシマカ)
2010	74	244	3	4	
2011	78	113	7	9	
2012	72	221	10	2	
2013	47	249	14	9	1
2014	60	341*	16	2	2
2015	41	292	17	2	0
2016	49	330	13	11	12
合計	421	1,497	80	39	15

(　)は国内に生息する媒介蚊
* 2014年のデング熱患者数の合計341名は，輸入症例179例，国内感染例162名の合計
** 日本脳炎はすべて国内感染例

2006年にスリランカ在住の日本人女性が帰国後に感染が確認されたことが国内初の輸入症例となった．それ以降も毎年10名を超す患者が発生している．ジカウイルス感染症は，2013年に初めて輸入症例が報告されたが，中南米での流行が続く2016年には12名の輸入症例が報告された．

ここでは詳しく触れないが，アフリカでは2015年末から黄熱の流行が続いており，中国で初の輸入症例が2016年にアンゴラを輸出元として11例報告された．デング熱，チクングニア熱，ジカウイルス感染症，黄熱の主要な媒介蚊はネッタイシマカであるが，ヒトスジシマカが関与するケースも知られている．また，2005年に1名の輸入症例が報告されたウエストナイル熱は，ヒトスジシマカと同様に国内に広く分布するアカイエカ *Culex pipiens pallens*（口絵5）が主要な媒介蚊になると推察されている．

日本に常在する日本脳炎ウイルス

蚊媒介感染症の中で国内に常在している感染症は日本脳炎だけである．日本脳炎ウイルスは日本を含む極東から東南アジア・南アジアにかけて広く分布するが，近年，パプアニューギニアやオーストラリアでも患者が確認され（Van Den Hurk et al. 2009），アジア以外の地域への感染拡大が危惧されている．国内でも1924年に6,000人以上の大流行（60％以上の死亡者）が発生し，1950年にも5,000人以上の感染者を記録したが，1960年代後半から始まったワクチンの定期接種，幼虫の生息地である水田の管理方法の変化，家畜の飼育形態の変化等により，1992年以降の国内の患者発症数は年間10名以下に減少した．しかし，ウイルスの増幅動物であるブタの日本脳炎ウイルス抗体は毎年上昇し，媒介蚊であるコガタアカイエカ *Culex tritaeniorhynchus*（口絵6）からもほぼ毎年ウイルスが分離されており，国内

でも日本脳炎ウイルスの活動は依然として活発である．2016年は，1992年以降初めて10名を超える患者数（11名）が報告され，ヒトが感染する機会はなくなっていないことを示した．

海外から飛来する日本脳炎ウイルスの媒介蚊

近年，国内外で分離された日本脳炎ウイルスの解析から，日本国内には東南アジアや他のアジア地域から日本に侵入したと考えられるウイルスと，日本国内に土着し，独自に進化したウイルスが存在することが示唆された（沢辺 2014）．海外からのウイルスの侵入に関して，1つには，長距離移動性昆虫として知られるウンカ類と同様に，ウイルス保有蚊が下層ジェット気流で日本に運ばれている可能性が示唆されている．もう1つは，増幅動物と考えられる渡り鳥によってウイルスが国内にもち込まれている可能性である（図1）．

1960年代後半に東シナ海洋上の定点観測船上で農業害虫であるウンカ類が多数捕獲され，大陸や東南アジアから毎年飛来侵入する農業害虫の存在が広く知られるきっかけとなった（岸本 1975）．その中に数匹のコガタアカイエカが見出された（鶴岡・朝比奈 1968）ことから，本種の長距離移動性も指摘されるようになった．一方，九州各地では従来よりウンカ類の定点捕集調査がおこなわれているが，そのトラップに捕獲されたコガタアカイエカの遺伝子解析をおこなった結果，夏季に捕集される蚊の中に，海外から飛来してきたと思われる個体が混入していることも明らかになった（沢辺 2014）．

中国大陸から九州までの距離は1,000 km以上あるが，ウンカ類が下層ジェット気流に乗ると24〜36時間で九州に到着すると計算されている．コガタアカイエカをフライトミル法（虫体を固定し強制的に飛翔させる方法）で飛翔させた結果，自力で連続20時間以上の飛翔が可能であった（最高で38時間）（沢辺 2014）．したがって，ウンカ類の長距離移動性と比較しても，コガタアカイエカが下層ジェット気流を利用して大陸から渡ってくることは物理的にも可能であり，ウイルス保有蚊が毎年大陸から長距離飛翔してきていても何ら不思議ではない．実際に，中国江蘇省で10月に北方から戻るコガタアカイエカの飛翔が観察されており，その移動距離は一晩に200 kmとも推定されている（Ming et al. 1993）．

ヤブカ属Aedes蚊のグローバルな移動と国内侵入

近年，デングウイルスやジカウイルスの媒介蚊であるネッタイシマカの国内侵入例が頻繁に報告されている．ネッタイシマカはかつては国内でも沖縄や小笠原諸島に生息し，熊本県内には1944〜1947年に一時的に生息したことも記録されて

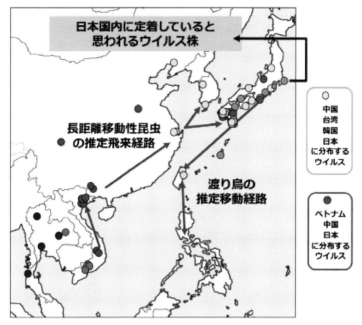

図1 アジアにおける日本脳炎ウイルスの分布と国内への侵入経路.

いるが，1955年以降は国内から消滅したとされる（宮城ら 1983）外来性の蚊である．2012年8月，成田国際空港の旅客ターミナルのゲートに設置された幼虫トラップにヤブカ属の幼虫と蛹が見つかった．羽化させて種を同定したところ，合計で27匹のネッタイシマカの成虫が回収された（Sukehiro et al. 2013）．同年8月には国際線貨物便の機内でも雄1匹が捕獲され，翌2013年にも前年とは異なる場所で幼虫と蛹が発見された．羽田国際空港の貨物便駐機場や中部国際空港セントレア敷地内の建物でも卵や幼虫が見つかるなど，ネッタイシマカの侵入は毎年確認されている．

もう一方の媒介蚊であるヒトスジシマカは，2015年に青森県への侵入が確認され，北海道を除く国内のほとんどの地域に生息していることが明らかになった．このような結果は，温暖化等の影響を受けての生息域拡大によるものと考えられる．一般にヤブカ属蚊の卵は乾燥に強く，数か月の乾燥に遭遇しても，いったん水に浸ると孵化してくる．1984年に米国ヒューストンで初めてヒトスジシマカの定着が確認されたが，この侵入は日本から輸入した古タイヤの内側に付着した乾燥卵によることが後で明らかになった．その後，米国から輸出された古タイヤを

介してヒトスジシマカがイタリアに侵入し，チクングニア熱の流行に関与したと推察されている．ヤブカは卵でも世界中に運ばれている．

おわりに

　2014年のデング熱の国内発生は，輸入症例，もしくは不顕性感染で症状がでないウイルス保有者により国内にウイルスがもち込まれ，ヒトスジシマカの密度が高まった夏に流行が起きたのである．蚊媒介感染症は，輸入症例数が多くなり，ある量以上の病原体が国内に存在するとき，在来の蚊種により国内流行が引き起こされるものなのである．飛行機を利用して国内に侵入している衛生害虫はネッタイシマカだけではない．ネッタイイエカ *Cx. quinquefasciatus*（ウエストナイルウイルスの媒介蚊；口絵8）や，海外に生息するコガタアカイエカ以外の日本脳炎媒介蚊（*Cx. vishnui*や*Cx. gelidus*）などが機内で発見される例も後を絶たない．渡り鳥に寄生して海外から運ばれるマダニもあるようだ．また，自力で大陸から渡ってくる虫には，オオクロバエやヌカカ，サシチョウバエの名前も挙がっており，海外で流行した病原体を国内にもち込む可能性が危惧されている．

　2016年，日本を訪れる外国人観光客の数は2,000万人を突破し，さらに政府は，次の目標として4,000万人の訪日客をめざすという．国内にもち込まれる病原体の量も種類も確実に増加している．これまでは海外の病気と考えられて日本に存在しなかった感染症が，国内に侵入するケースは今後も増え続けるだろう．移動手段の進歩で世界との距離が近くなったぶん，さまざまな感染症との距離も近くなってしまったようだ．わが国は，かつて熱帯病と言われた感染症が毎年流行してもおかしくない国になったことを認識しなければならない．

参考文献

Arima, Y., T. Matsui, T. Shimada, M. Ishikane, K. Kawabata, T. Sunagawa, H. Kinoshita, T. Takasaki, Y. Tsuda, K. Sawabe and K. Oishi (2015) Ongoing local transmission of dengue in Japan, August to September 2014. *WPSAR* 5. doi:10.5365/wpsar.2014.5.3.007
岸本良一 (1975) ウンカ海を渡る．中央公論社，東京．233 pp.
栗原毅 (2015) 日本列島のデング熱：流行と媒介蚊．遺伝 69: 411-414.
Kutsuna, S., Y. Kato, K.L. Moi, A. Kotaki, M. Ota, K. Shinohara, T. Kobayashi, K. Yamamoto, Y. Fujiya, M. Mawatari, T. Sato, J. Kunimatsu, N. Takeshita, K. Hayakawa, S. Kanagawa, T. Takasaki and N. Ohmagari (2014) Autochthonous dengue fever, Tokyo, Japan, 2014. *Emerg. Infect. Dis.* 21: 517-520.
国立感染症研究所 (2016) 感染症発生動向調査週報 (IDWR). http://www.nih.go.jp/niid/ja/idwr.html
Ming, J.G., H. Jin, J.R. Riley, D.R. Reynolds, A.D. Smith, R.L. Wang, J.Y. Cheng and

X.N. Cheng (1993) Autumn southward 'return' migration of the mosquito *Culex tritaeniorhynchus* in China. *Med. Vet. Entomol*. 7: 323-327.

宮城一郎・当間孝子・伊波茂雄 (1983) 八重山群島の蚊科に関する研究. 衛生動物 34: 1-6.

沢辺京子 (2014) 日本脳炎ウイルスの国内越冬と海外飛来. 化学療法の領域 30: 39-49.

Schmidt-Chanasit, J., P. Emmerich, D. Tappe, S. Gunther, S. Schmodt, D. Wolff, K. Hentschel, D. Sagebiel, I. Schoneberg, K. Stark and C. Frank (2014) Autochthonous dengue virus infection in Japan imported into Germany. September 2013. *Euro. Surveill*. 19. Pii: 20681.

Sukehiro, N., N. Kida, M. Umezaki, T. Murakami, N. Arai, T. Jinnai, S. Inagaki, H. Tsuchida, H. Murayama and Y. Tsuda (2013) First report on invasion of yellow fever mosquito, *Aedes aegypti*, at Narita International Airport, Japan in August 2012. *Jpn. J. Infect. Dis*. 66: 189-194.

鶴岡保明・朝比奈正二郎 (1968) 南方定点観測船に飛来した昆虫類 第2報. *Kontyû* 36: 190-202.

Van Den Hurk, A.F., S.A. Ritchie and J.S. Mackenzie (2009) Ecology and geographical expansion of Japanese encephalitis virus. *Annu. Rev. Entomol*. 54: 17-35.

2章
致死率20%以上の病原体を運ぶマダニが身近に！

前田 健

はじめに

2013年1月にマダニが媒介する重症熱性血小板減少症候群（severe fever with thrombcytopenia syndrome, SFTS）ウイルスによる国内初の患者発生が厚生労働省より報告された．国内にもほぼ25％の致死率をもつSFTSウイルスを保有しているマダニが身近にいることが明らかになった．この報告を契機として，わが国においてもこれから述べるように，改めてマダニ対策の重要性が求められることとなった．

SFTSウイルス発見の経緯(Takahashi et al. 2014)

2012年12月26日に，共同研究者の東京農工大学国際家畜感染症防疫研究教育センターの先生から1本のメールが届いた．「遺伝子解析の結果，例のウイルスはほぼSFTSウイルスです」との内容であった．それを見た瞬間に，国立感染症研究所獣医科学部の先生の顔が思い浮かんだ．その直前の秋に開催された日本ウイルス学会で「SFTSウイルスの診断法を開発した．国内にも存在している可能性がある．中国で感染率の高いのはウシ，ヤギ，ヒツジなので，同じ反芻動物である国内のシカを調べてみたい．シカの血清を送ってください」との依頼を受けていたのである．当時より野生動物の感染症の研究を実施していた私はシカの血清を送る準備をしているときの話であった．条件反射のように東京農工大学の先生からのメールを国立感染症研究所の先生に転送したのはうまでもない．しばらくして国立感染症研究所の先生から電話がかかってきた．「確実にSFTSウイルスですね．明日会議を開くから，前田さ

んはそのウイルスを研究に使わないほうが良い」とのコメントであった．「研究者に実験をするな，なんてひどい」と思う人もいるかもしれないが，SFTSウイルスは中国では当時30％の致死率といわれていた．当時はバイオセーフティレベル2（BSL2；人に危険な病気を起こさない病原体を扱える施設）の実験施設しか保有していない私たちの大学（現在はBSL3施設保有）では，ウイルスの取り扱いは危険であったのである．その後の国立感染症研究所の対応は迅速であった．27日には会議を開催し，国立感染症研究所ウイルス第一部の先生が中心となって山口県総合医療センターの担当医などと連絡をとり，28日には4名の先生方が山口県総合医療センターまで情報収集と私が分離したウイルスを運搬しに来たのである．その後は，国立感染症研究所にて確定診断に向けた詳細な解析がおこなわれ，1月31日の厚生労働省からの発表に至った．その後に得られた情報は，後述する．

ウイルス分離のきっかけも1本の電話からであった．山口大学共同獣医学部の獣医内科学の先生から「山口県のお医者さんがウイルス性疾患を疑われる患者の診断で困っているので，手伝ってあげてくれませんか？」との依頼であった．さまざまな動物由来ウイルスを分離することを目標にしている私の研究内容を知っていての依頼であった．その後，すぐに連絡があり，患者血清が届いた．その血清をサルとネコ由来の培養細胞に50 μL（1滴）垂らして経過を待った．4～5日後には細胞にウイルス感染による細胞の変化が見え始めた．さらに，ウイルスであるか否かを確認するために再度細胞に接種したところ，同様の結果が得られ，ウイルスの分離に成功した．

さて，ここで「この分離されたウイルスは何だ？」という壁にぶち当たった．ヒトのウイルスを診断している研究者なら，機知のウイルス（数百種）であるかどうかの確認から始めるであろうが，私は，動物領域のウイルスの専門家である．そのようなツールを一から準備するとなると膨大な時間がかかる．さらに，状況を考えると，この分離されたウイルスは，「ヒトを殺した」，「4～5日で細胞を殺した」，「血清中に大量に存在する」のである．すなわち，「危険なウイルスの可能性が大」だったのである．そこで，私が一人でウイルスの同定を開始するのは実質的に困難であるとともに危険性が伴うと判断し，ウイルスを大量に取り扱わずに遺伝子解析をおこなうことができる次世代シークエンス技術を確立して

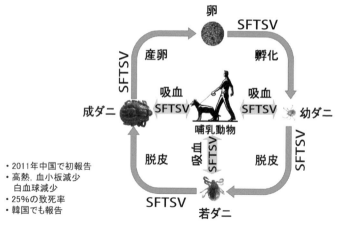

図 2-1 重症熱性血小板減少症候群ウイルス（SFTSV）の感染環と症状．マダニの中でウイルスは保持されており，吸血の際に哺乳動物にウイルスを伝播する．また，感染動物から吸血の際にマダニがウイルスに感染する．

いる前述の東京農工大学の先生に依頼することとなった．東京農工大学の先生とはそれ以前からコウモリなどからの新規ウイルス分離・同定に関して共同研究を実施していたので依頼を快諾していただいた．

余談ではあるが，同定に向けた一番の推進力は「山口県総合医療センターの先生の医者としての責任感の強さ」であったのは間違いない．ウイルス分離には時間がかかるし，さらに未知のウイルスの同定となると時間と労力がかかるのであるが，山口県総合医療センターの先生からの「結果が出ましたか？」という連絡が度々あったことは，私どものグループが最優先で本ウイルスの同定をおこなう推進力となった．その結果が，前述の 12 月 26 日の東京農工大学の先生からのメールである．翌日 27 日には山口県総合医療センターの先生に検査結果を，最新の論文とともに報告しに行った．

SFTS の現状

このダニ媒介ウイルスによる感染症は 2011 年に中国から初めて報告された新興感染症である（Xu et al. 2011, Bao et al. 2011）．マダニにより運ばれることが知られている．マダニは一生のうちに 3 度吸血して，次の成長ステージへと移行する．その吸血の際に，ウイルスを動物や人に

図2-2 国内のSFTS患者届出数の月別の比較(国立感染症研究所のホームページより).

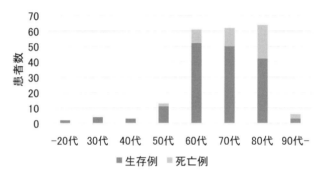

図2-3 日本国内におけるSFTS患者届出数の年齢別比較.
(2016年9月28日現在；国立感染症研究所のホームページより).

感染させる（図2-1）．SFTSを発症すると，高熱，血小板減少，白血球減少などの重篤な症状を呈し，驚くべきことに致死率は22.3％である（2016年9月28日現在，国内生存例167例，死亡例48例；国立感染症研究所ホームページより）．SFTSが感染症法4類感染症に（3頁表1参照）指定された2013年3月以降の資料によると，患者の発生は図2-2に示されるように，4月頃から患者数が増加し始めて，5月をピークとして8月まで多いのが特徴である．これはマダニの活動が活発となる時期と一致している．しかし，患者数は少ないものの12月から3月にかけても発生していることから，一年中注意が必要である．患者を年齢別に分けたものが図2-3である．患者数は50代で増加し始め，60代から80代にかけてピークとなり，高齢者に感染者および死亡者が多いのが特徴である．流行地域は年々増えているが，現在のところ患者発生は西

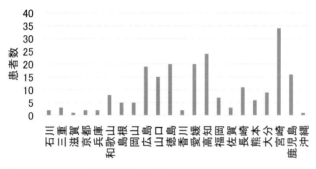

図2-4 SFTS患者推定感染地域の比較.
(2016年9月28日現在；国立感染症研究所のホームページより).

日本に限られている（図2-4）．このような，地域性があるのもマダニ媒介感染症の特徴と言える．

SFTSは日本に昔から存在していたウイルスという考え！（正しいかな？）

　以上のような状況に加え，2012年の初めての国内での患者発生報告に先立ち，2005年に長崎県での患者も診断されていること，日本のSFTSウイルスは中国のウイルスと遺伝子の塩基配列が異なっていることから，「日本で発見されたSFTSウイルスは中国から最近侵入してきたものではなく，西日本に昔から存在しているウイルスであり，2011年の中国でのウイルス発見が契機となって，わが国においてもSFTSウイルスの存在が明らかになった」という考えが多くを占めている．そこでこの考えは妥当であろうか？　以下に私たちの研究データを基に考えてみよう．

SFTSウイルス感染が拡大している地域がある！

　山口県と和歌山県の野生動物でのSFTSウイルスの感染状況を見てみよう．SFTSが発生している本州の西端に位置する山口県では2010年以前にすでにシカにはSFTSウイルスが蔓延していたことがわかる（図2-5左）．一方，流行地の東端に近い和歌山県のアライグマとタヌキではSFTSウイルスの感染が急速に広がっていることがよくわかる（図2-5

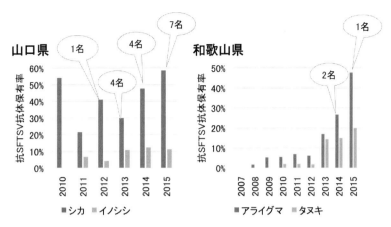

図 2-5　山口県と和歌山県の野生動物における抗 SFTS ウイルス抗体保有率と患者数の推移.

表 2-1　SFTS ウイルス遺伝子陽性アライグマの月別の比較

	1月	2月	3月	4月	5月	6月	7月	8月	9月	10月	11月	12月
検査頭数	51	37	85	76	56	46	83	69	70	107	103	108
陽性頭数	0	0	0	2	2	3	3	2	0	2	2	4
陽性率（%）	0	0	0	2.6	3.6	6.5	3.6	2.9	0	1.9	1.9	3.7

右）．その感染拡大に伴い患者が 2014 年に初めて報告されている．すなわち，一部の地域では感染が拡大しているのである．

マダニ媒介感染症における野生動物の重要性(前田 2016)

図 2-5 に示したように，野生動物に SFTS ウイルスが蔓延してくると患者が発生することがよくわかる．重要な点は，マダニは吸血せずには次のステージへと成長できないことである．そのおもな吸血源は，野生動物なのである．表 2-1 は，アライグマの血液中に存在する SFTS ウイルスを調べた結果である．マダニの増加する 4 月から 8 月にかけて，SFTS ウイルスに感染しているアライグマが多い．アライグマがマダニから SFTS ウイルスに感染したと推察される．やはり，「マダニが SFTSウイルスの感染には重要」という考え方は妥当である．しかし，逆の見方をすると，ウイルスを血液中に保有しているアライグマに寄生して吸

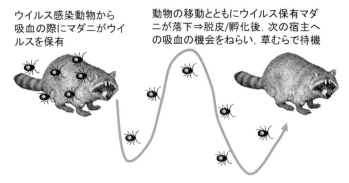

図 2-6 野生動物によるウイルス保有ダニの運搬．SFTS ウイルスを血液に保有する 1 頭の SFTS ウイルス感染動物にマダニが寄生し，吸血することにより，すべてのマダニがウイルスを保有する．それらウイルス保有マダニが，動物の移動時に落ち，次の動物に寄生，吸血する機会をうかがっている．

血している数多く（数十から数百）のマダニが，アライグマから SFTS ウイルスに感染していることを意味している．1 匹の SFTS ウイルス陽性アライグマから数多くのウイルス保有マダニが誕生することになる．すごい効率ではないだろうか？ そして，さらに重要なことは，多くの SFTS ウイルス陽性アライグマが元気な状態（これまで SFTS ウイルス感染で病気になった動物は知られていない）で山中，果樹園，人家付近を夜な夜な歩き回っていることである．マダニは，アライグマの血を吸って満腹になる（飽血）とともに SFTS ウイルスに感染してウイルスを保有し，アライグマの移動経路に落ちて脱皮や産卵をして次のステージを迎え，その近くで次の動物への吸血の機会をうかがっているのである（図 2-6）．すなわち，「SFTS ウイルスの感染サイクルには野生動物も重要」ということがわかる．

SFTS ウイルス感染の拡大はとっても遅い！

マダニ媒介感染症の拡大はひじょうに遅いのが特徴である．なぜなら，マダニは蚊のように飛ぶことができないからである．この例を，先ほどの和歌山県のアライグマの例に見ることができる（図 2-5 右）．SFTS ウイルス感染が拡大中であることは前述したが，そのアライグマを地区別により詳細に比較したのが図 2-7 である．各地区は十数 km しか離れ

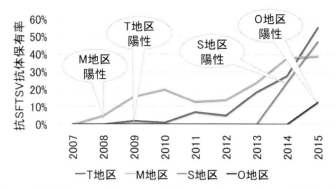

図 2-7 和歌山県のアライグマにおける地域別 SFTS ウイルス (SFTSV) 抗体保有状況. 数十 km しか離れていない地区に広がるのに数年かかっている. ダニ媒介性感染症の拡大がゆっくりであることがわかる.

ていない. 北から, M, T, S, O 地区という位置関係にある. 2008 年に M 地区で最初に陽性が見つかり, T 地区, S 地区と感染が拡大し, O 地区で感染アライグマが見つかったのは 2015 年になってからである. 約 30 km の距離を南下するのに, なんと 7 年もかかったことになる. この結果は, 野生動物の体に咬着して移動するマダニの拡大スピードが遅いことを象徴している.

SFTS の感染拡大は遅いから東日本は安心！(本当ですか？)

前述したようにマダニ感染症の拡大はゆっくりである. しかし, まだ患者が発生していない東日本の住民は安心と思うのは大きな間違いである. 日本には日本独自の SFTS ウイルスが広がっており, 中国に存在するウイルスとは遺伝的に異なっている. しかし, 最近の研究では, 数は少ないが中国の遺伝子型に近いウイルスが鹿児島, 島根, 和歌山の患者から見つかってきた (Yoshikawa et al. 2015). これは, 何を意味しているのか？ そこで私たちは「数は少ないが, SFTS ウイルスを保有するマダニが大陸から渡り鳥に付着して国内に運ばれてきているのではないか」という仮説を立てている. 残念ながら現在はこの仮説には何の根拠もないが, 渡り鳥にマダニが付着しているのは事実である (図 2-8).

図 2-8 SFTS ウイルスが海外から侵入している.

本当に東日本は安心か？

図 2-5 右にあるように，和歌山の野生動物で感染が拡大した 2014 年にはじめて患者が発生している．これは，患者が発生した時には，すでに野生動物では SFTS ウイルスが蔓延していることを意味している．逆を言えば，野生動物におけるウイルス感染状況を調査すればヒトへの感染の危険度もわかるのである．では，東日本の野生動物は SFTS ウイルスに感染していないのだろうか？　答えは，「No！」．すでに東日本のいくつかの地域では SFTS ウイルス感染野生動物が存在している．すなわち，状況が整い，野生動物間で SFTS ウイルスが蔓延しはじめたら，東日本でも患者が発生する日がくるのではないだろうか．これは個人的な意見である．

なぜ，現代にこのようなことが起こっているのか？

なぜ，昔から国内に入っていたと思われるウイルスが今問題となっているのだろうか？　重要な視点としては，SFTS の死亡者はおもに 50 代以上の方であるということ（図 2-3）．想像するに，織田信長が「人生 50 年」といった時代では，SFTS による死亡者はほとんど出なかったのかもしれない．生活の改善や医療の高度化により高齢者が増えることによって，このような高齢者が死亡者となる感染症が顕在化したと思われる．さらに，野生動物やマダニを介した感染症が増えた原因として考え

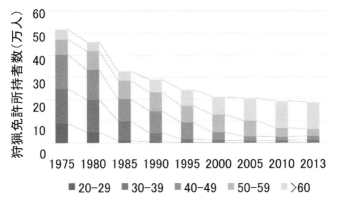

図2-9 年齢別狩猟免許所持者数の推移．環境省自然環境局野生生物課鳥獣保護管理室のホームページ（https://www.env.go.jp/nature/choju/docs/docs4 より）．

られるのは，野生動物の天敵が減少していることが大きい．国内におけるシカやイノシシの天敵は，絶滅したニホンオオカミだろうか？　それはちがう．じつは狩猟者であろう．野生鳥獣の肉は重要なタンパク質供給源であり，野生鳥獣の狩猟は重要であった．しかし現代では，狩猟者数が激減してしまっている（図2-9）．狩猟者＝天敵の減少は，シカやイノシシのパラダイスを意味している．

では，なぜシカやイノシシは人の生活圏に近づいてくるのであろうか？　この疑問に対しては狩猟者の減少というだけでは説明がつかない．その答えの1つとして，中山間地がヒトのものから野生動物のものへと変化していることが挙げられる．都市化に伴い若者の流出と高齢化は中山間地を荒廃させ，野生動物の生息地へと変えてきている．中山間地は，ヒトと野生動物の接触の障壁となっていたが，それがなくなりつつある．加えて，外来種のアライグマに至っては，アニメの影響もあり飼育する人が増えたもののその凶暴さに手を焼いて捨てられたもの，倒産した動物園から逃げ出したものなどが，各地で繁殖を続けてその数を増やしている．「アライグマはタヌキといっしょでは？」との声をよく耳にするが，それは大きな間違いである．アライグマは木登りを得意とするだけでなく，ひじょうに警戒心が強い点でタヌキとは大きく異なる．アライグマをゴキブリに例えて，1頭見つけた時には時すでに遅し，なのである．

「野生動物の増加はマダニの増加」，「野生動物の人の生活圏への侵入

はマダニのヒトの生活圏への侵入」を意味しており,「マダニの増加とヒトの生活圏への侵入は SFTS ウイルス感染リスクの増加」に結びつくのである.逆に,野生動物の対策は,マダニ媒介感染症の予防にも有効であることを意味しているのである.

SFTS に対する対策は？

　SFTS から身を守る一番確実な方法は,マダニの対策である.以下に示す方法は身近で確実にできる方法なので,自己防衛の意味でも個人で実施することが重要である.1) 農作業や森林に入る場合は長袖・長ズボンを着用する,2) ディートやイカリジンなどの忌避剤を服の上から塗布する,3) 野外作業後は風呂に入る,4) 野外作業時の上着は家に直接もち込まない,5) 飼育動物には獣医師による忌避剤を処方してもらう,などが挙げられる（詳しくは 3 章 49 頁参照）.一方,医師や研究者も SFTS に対抗すべき手段を考えている.最近では,SFTS 治療薬の臨床治験が始まっている.近いうちに,SFTS に特異的な治療薬がでることを期待している.

SFTS ウイルス感染症から学ぶこと！

　これまで述べたように SFTS は,単なる感染症では終わらない様相を呈している.それは高齢者問題・環境問題など複合的な要因により発生・蔓延しているからである.これらの問題は社会問題としてそれぞれの対策が重要であるが,なんといっても「致死率 25%近くの感染症を引き起こすウイルスを身近にいるマダニが保有している可能性がある」という事実が一番の問題である.日本は,島国であったために,狂犬病など危険な感染症から守られている.しかし,実際は,そのあたりの草むらに致死率の高い病原体を保有するマダニがいることが判明したのである.幼児から高齢者まで,マダニに対する知識を深め,その予防に努めることが重要である.

表2-2 国内で発生があるおもなダニ媒介感染症

病名	病原体	ベクター	感染源	主な症状	治療法	発生時期	発生場所
重症熱性血小板減少症候群(SFTS)	SFTSウイルス	チマダニ,フタトゲチマダニなど	反芻動物(ウシ,ヒツジ,ヤギ,シカなど)	発熱,血小板減少,白血球減少	なし	4-10月頃	西日本
ダニ媒介脳炎	ダニ媒介脳炎ウイルス	ヤマトマダニなど	齧歯類	脳炎	なし	不明	北海道
つつが虫病	つつが虫リケッチア	ツツガムシ	なし	発熱,発疹,ダニの刺し口	テトラサイクリン系	5月頃と11月頃	全国
日本紅斑熱	紅斑熱群リケッチア	マダニ類	齧歯類・シカなど	発熱,発疹,ダニの刺し口	テトラサイクリン系	5-10月頃	関東以南
野兎病	野兎病菌	マダニ類	齧歯類・ウサギなど	発熱・全身症状	ストレプトマイシン	4-6月と11-1月	稀

国内における SFTS 以外のダニ媒介感染症は？（表2-2）

ダニ媒介脳炎（高崎 2002）

　ダニ媒介脳炎は，フラビウイルスによる感染症である．国内では 1993 年に北海道の酪農家が本疾患に感染したことで初めて知られるようになった．周囲のイヌを調べた結果，ダニ媒介脳炎に感染していたことが判明した．しかし，その後は国内での発生は報告されていなかったが，2016 年に北海道の 40 代の男性が感染し死亡した．ダニ媒介脳炎は，世界では毎年 6,000 人以上が感染しているといわれており，ヤマトマダニ *Ixodes ovatus*（口絵 27）などから感染する．また，ダニによる刺咬だけでなく，感染したヤギやヒツジの乳を飲んで感染する場合もある．脳炎をおこすため，後遺症が多く残ることも問題となっている．国内では，北海道だけで発生しているが，島根県のネズミからも抗体が検出されている．世界では，北海道でも発生したマダニ媒介性のロシア春夏脳炎ウイルスによる患者の致死率は 30％である．有効な治療薬はない．

つつが虫病（小川 2002；4 章参照）

　ツツガムシによって媒介されるリケッチアによって引き起こされる．ツツガムシの病原体伝播の特徴は，マダニが生活環の中で 3 回は吸血するのに対して，1 世代に 1 度だけ幼虫が哺乳動物に付着し，組織液を吸う際にリケッチアを伝播する．このため，幼虫の発生時期が流行を左右する．関東以南のタテツツガムシ *Leptotrombi dium*（口絵 32）は秋から初冬に孵化するので 11 月頃の発生が多いのに対して，フトゲツツガムシ *L. pallidum*（口絵 31）も同様に秋から初冬にかけて孵化するが，一部

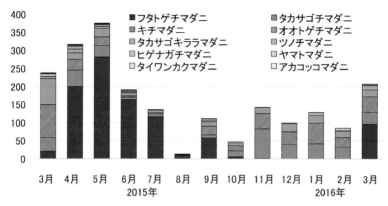

図2-10　和歌山県の草むらで捕集されたマダニ数．1人30分間の捕集作業での平均ダニ数の6地点の合計で表示，幼ダニは計測せず．6地点の合計は12,561頭．

は越冬し，春先に活動を再開するため，東北・北陸では春先の5月頃に発生が多い．そのため，全国的に見ると，5月頃と11月頃の2峰性の発生が認められる．発熱・ダニの刺し口（口絵35右），発疹（口絵35左）がおもな症状である．国内では，現在でも500人前後の患者と数名の死亡者が認められ，東南アジアなどでも発生がある．テトラサイクリン系の治療薬が有効である．

日本紅斑熱（萩原2000）

マダニにより媒介されるリケッチア感染症である．国内では患者発生数は年間50人前後が報告されている．北米ではロッキー山紅斑熱，地中海では地中海紅斑熱，オーストラリアではクイーンズランドダニチフスなどと呼ばれる同様な感染症が存在する．齧歯類やシカなどが重要な病原体保有動物（感染源）となっている．患者の発生時期はマダニの発生時期と一致して5〜10月頃の発生が多い．つつが虫病と同様に発熱・発疹・ダニの刺し口が主要な兆候である．治療にはテトラサイクリン系の抗菌剤が有効である．

野兎病（藤田ら2006）

マダニと齧歯類の間で維持されている細菌感染症である．世界では，北緯30度以北の北半球で発生が多い．国内ではノウサギの狩猟が盛んであった戦後は年間50〜80例の患者が認められていたが，現在では，発生は稀である．患者発生はダニの活動期（4〜6月）と狩猟時期（11

〜1月）に多い．マダニなどの刺咬以外に，野生動物の解体時に動物の血液や臓器を介して感染することがある．野兎病菌は感染力が強く，眼などの結膜や，皮膚の傷口，健常な皮膚からも侵入できるため，動物の取り扱いにはゴム手袋を使用することが重要である．体内に侵入した菌は，侵入部位で増殖後，増殖部位の所属リンパ節で増えて，リンパ節の腫脹・膿瘍化・潰瘍・疼痛を引き起こす．抗菌剤であるストレプトマイシンが有効である．

マダニに咬まれないことが重要ではあるが，刺された場合は？

　マダニに刺されないことが重要であるが，マダニはどこにでも存在している可能性がある．図2-10は私たちが実施したマダニの1年間を通じた捕集実績である．草むらや道端でフェンネル製の白い生地を摺ることにより，待ち構えているマダニが布に付着し，それらを回収する方法である．多い時期には1か所で30分間布を摺るだけで幼ダニを除いて平均60頭も捕獲できるのである．このようにマダニが多数いる場所では，マダニからの咬着を完全に防御できない場合もある．咬まれた場合の注意点を以下に挙げる．

1）強引に引き剥がさない．皮膚科に行くのが最善．
2）ダニは潰さない．潰した際に保有している病原体が体外に出て飛散する恐れがある．
3）慌てず，その後2週間程度は発熱の有無を確認する．「致死率が20％以上あるSFTSの病原体を保有している可能性があるからマダニには注意しろと言っているくせに，慌てるなとは？」と思われる方も多いかもしれない．しかし，SFTSウイルスを保有しているマダニはそれほど多くはないので，SFTSに感染する可能性はきわめて低い．また，細菌性のダニ媒介感染症であれば前述のように治療薬がある．冷静に対応することが必要である．
4）発熱があった場合は，病院に行き「ダニに咬まれたこと」を告げて，診断してもらう．お医者様にマダニ媒介感染症の可能性があることを，考慮していただくことが重要である．

おわりに

　ここに挙げたダニ媒介感染症は一部である．SFTS ウイルスですら 2011 年になって初めて発見されたのである．未知のマダニ保有の病原体は多数存在しているにちがいない．私たち研究者は未知の病原体の存在を明らかにする必要がある．また，地球環境の変化，動物の生息域の変化は，マダニの生息にも大きく影響を与え，今後，マダニの分布なども変化し続けるであろう．これまで病気の発生がなかった地域に，ある日突然発生する可能性も否定できない．ダニ媒介感染症に関してはダニに咬まれないように自己防衛することが重要である．子どもから老人に至るまですべての人に，ダニ対策の重要性を啓蒙していくことが求められる．

参考文献

Bao, C.J., X.L. Guo, X. Qi, J.L. Hu, M.H. Zhou, J.K. Varma, L.B. Cui, H.T. Yang, Y.J. Jiao, J.D. Klena, L.X. Li, W.Y. Tao, X. Li, Y. Chen, Z. Zhu, K. Xu, A.H. Shen, T. Wu, H.Y. Peng, Z.F. Li, J. Shan, Z.Y. Shi and H. Wang (2011) A family cluster of infections by a newly recognized bunyavirus in eastern China, 2007: further evidence of person-to-person transmission. *Clin. Infect. Dis.* 53: 1208–1214.

萩原敏且．（2000）日本紅斑熱．感染症発生動向調査週報（IDWR）感染症の話．http://idsc.nih.go.jp/idwr/kansen/k00-g15/k00_09/k00_09.html

藤田 修・堀田明豊・棚林 清（2006）野兎病．感染症発生動向調査週報（IDWR）感染症の話．http://idsc.nih.go.jp/idwr/kansen/k06/k06_22/k06_22.html

前田 健（2016）動物における SFTS ウイルス感染状況．病原微生物検出情報（IASR）37: 51-53.

小川基彦（2002）ツツガムシ病．感染症発生動向調査週報（IDWR）感染症の話．http://idsc.nih.go.jp/idwr/kansen/k02_g1/k02_13/k02_13.html

Takahashi T, K. Maeda, T. Suzuki, A. Ishido, T. Shigeoka, T. Tominaga, T. Kamei, M. Honda, D. Ninomiya, T. Sakai, T. Senba, S. Kaneyuki, S. Sakaguchi, A. Satoh, T. Hosokawa, Y. Kawabe, S. Kurihara, K. Izumikawa, S. Kohno, T. Azuma, K. Suemori, M. Yasukawa, T. Mizutani, T. Omatsu, Y. Katayama, M. Miyahara, M. Ijuin, K. Doi, M. Okuda, K. Umeki, T. Saito, K. Fukushima, K. Nakajima, T. Yoshikawa, H. Tani, S. Fukushi, A. Fukuma, M. Ogata, M. Shimojima, N. Nakajima, N. Nagata, H. Katano, H. Fukumoto, Y. Sato, H. Hasegawa, T. Yamagishi, K. Oishi, I. Kurane, S. Morikawa and M. Saijo (2014) The first identification and retrospective study of severe fever with thrombocytopenia syndrome in Japan. *J. Infect. Dis.* 209: 816-827.

高崎智彦（2002）ダニ媒介性脳炎．感染症発生動向調査週報（IDWR）感染症の話．http://idsc.nih.go.jp/idwr/kansen/k02_g1/k02_04/k02_04.html

Xu B., L. Liu, X. Huang, H. Ma, Y. Zhang, Y. Du, P. Wang, X. Tang, K. Wang, K. Kang, S. Zhang, G. Zhao, W. Wu, Y. Yang, H. Chen, F. Mu and W. Chen (2011) Metagenomic analysis of fever, thrombocytopenia and leukopenia syndrome (FTLS) in Henan Province, China: discovery of a new bunyavirus. *PLoS Pathog.* 7: e1002369

Yoshikawa T., M. Shimojima, S. Fukushi, H. Tani, A. Fukuma, S. Taniguchi, H. Singh, Y. Suda, K. Shirabe, S. Toda, Y. Shimazu, T. Nomachi, M. Gokuden, T. Morimitsu, K. Ando, A. Yoshikawa, M. Kan, M. Uramoto, H. Osako, K. Kida, H. Takimoto, H. Kitamoto, F. Terasoma, A. Honda, K. Maeda, T. Takahashi, T. Yamagishi, K. Oishi, S. Morikawa and M. Saijo (2015) Phylogenetic and geographic relationships of severe fever with thrombocytopenia syndrome virus in China, South Korea and Japan. *J. Infect. Dis.* 212: 889-898.

3章
マダニ人体刺症とその対策

山内 健生

はじめに

　博物館が開館する午前10時きっちりに，山向こうの町から見知らぬ婦人が私を訪ねてきた．「自分の体を触っていたら，このマダニがポロリと取れたんです」と言って彼女が差し出したチャック付き袋の中では，血を吸って膨らんだタカサゴキララマダニ *Amblyomma testudinarium* の若虫（図3-1A，口絵23）がかすかに動いていた．不安そうな面持ちの彼女に対して「このマダニはですね…」と解説を始める私．これは，博物館で働く私の日常の一コマである．

　わが国において，マダニ類は一般の方々にそれほどよく知られた生き物ではなかったのだが，ここ数年で急速に知名度を上げたようである．2013年1月，マダニ類が媒介する重症熱性血小板減少症候群（severe fever with thrombocytopenia syndrome, SFTS）の患者が国内で初めて確認された．それ以降，マダニ類が媒介する感染症のニュースをマスコミが大きく取り上げたため，マダニ類についての関心がかつてないほどに高まっている．それゆえ，2013年以降マダニ類に食いつかれて皮膚科を訪れる患者の数が突如として増えたという話も聞いている．実際，私が働いている博物館でも，マダニ類に関する一般の方々からの問い合わせは少なくない．

　世間から高い関心を寄せられているマダニ類であるが，一般向けの書籍は思いのほか少なく，正確な情報を入手するのは容易でない．そこで，この章では，マダニ類の生態について概略を述べるとともに，食いつかれないためにはどうしたらよいか，そして食いつかれたらどうしたらよいかを解説する．

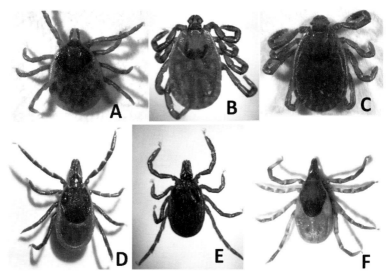

図 3-1　マダニ類の体（背面図）．A）タカサゴキララマダニ若虫，B）キチマダニ雌成虫（『ホシザキグリーン財団研究報告』18 号 293 頁の図を改写），C）フタトゲチマダニ雌成虫（『ダニのはなし』朝倉書店 26 頁の図を改写），D）タネガタマダニ雌成虫，E）ヤマトマダニ雌成虫，F）アカコッコマダニ雌成虫．

マダニ類とは

　ダニ目 Acarina の 1 グループであるマダニ亜目 Metastigmata は，全種が吸血寄生性で，哺乳類，鳥類，爬虫類などの皮膚に食いつく外部寄生虫である．マダニ亜目は，世界に 3 科約 900 種，日本からはヒメダニ科 Argasidae とマダニ科 Ixodidae の 2 科 46 種が記録されている．英語では，硬い背板をもつマダニ科と体全体が比較的柔らかいヒメダニ科を区別して，それぞれ hard tick 及び soft tick という．この hard tick を「カタダニ」と直訳した文献を見かけることもあるが，ダニ目にはカタダニ亜目 Holothyrida という別の分類群が存在するので，混乱を避けるため hard tick に対して「カタダニ」という訳語を使うべきではない．

　この章では，マダニ科に焦点を当てるため，以下「マダニ類」はマダニ科のことを指す．ちなみに，マダニ類は，刺されると痒くなるイエダニ類（口絵 22），食品に発生するコナダニ類，そしてアレルギーの原因になるチリダニ類などとは，まったく別のグループである．

　マダニ類には，卵，幼虫，若虫，成虫という発育ステージがある．卵

から生まれた幼虫（多くの種では体長 1 mm 弱）は，宿主動物（マダニ類に食いつかれる動物）から十分に吸血すると，皮膚から離脱して地表に落ちる．そして，静止期を経た後で脱皮し，若虫（多くの種では体長 2 mm 程度）となる．脱皮後，外皮が硬くなるまであまり動かないが，十分硬化して体が扁平になると宿主動物の探索を再開する．若虫も，同様に吸血して脱皮し，成虫となる．そして，雌成虫が十分に吸血すると，地上へ落下し，しばらくしてから卵を産み始める．産卵はだらだらと続き，タカサゴキララマダニなどは 1 か月間にわたって 1 万個以上の卵を生み続ける．産卵を終えた雌成虫は天寿をまっとうする．マダニ属 *Ixodes*（図 3-1D〜F，口絵 26〜29）では，卵から成虫になるまでに複数年が必要である．

マダニ種によって出現する季節はさまざまだが，春から秋にかけて活動する種が多い．一方で，タネガタマダニ *Ixodes nipponensis* の成虫（図 3-1D，口絵 26）のように，夏の間は休眠して姿を見せないものもいる．西日本の温暖な地域では，冬季に活動する種も少なくない．私がよく調査をしている中国地方や四国地方では，真冬でもオオトゲチマダニ *Haemaphysalis megaspinosa* やキチマダニ *H. flava*（図 3-1B，口絵 24）が野外でたくさん採集される．

血を吸って膨らむと，マダニ類の外観は著しく変化する（口絵 29c，33B）．そのため，形態による種同定（種名調べ）は，慣れないと難しい．わが国のマダニ成虫の種名を調べるためには『日本ダニ類図鑑』（全国農村教育協会），幼虫と若虫については『ダニと新興再興感染症』（全国農村教育協会）などの書籍が参考になる．とはいえ，慣れないうちは，しかるべき専門家に同定を依頼した方が無難である．なお，近年，遺伝子解析の技術が急速に進んだため，日本産の主要種については遺伝子による種同定も可能である（コラム 5 参照）．

マダニ類は，食いついたらなかなか離れず，長時間にわたって吸血し続けるため，嫌われ者の代表と言って差し支えないだろう．人，ペット，家畜などに食いついて吸血し，大きく膨らむため，古来より人類に認識されてきた生き物である．わが国では，古くは中世の仏教説話集である『沙石集』（無住一円 1283）の中にマダニ類と考えられる記述がある．また，江戸時代に使用された小粒状の銀貨である豆板銀は，マダニ類が血を吸って膨らんだ姿に似ていることから「ダニ」とも呼ばれてい

図3-2 下草に付着したフタトゲチマダニ若虫.

た.これなどは,マダニ類が当時の人々に認識さていた証拠といえる.

マダニ類はどこにいる？

「君子危うきに近寄らず」ではないが,マダニ類に食いつかれないためには,マダニ類が生息している場所へ足を踏み入れないことが肝要である.では,マダニ類はどのような環境に潜んでいるのだろうか.

多くのマダニ類は,山林の下草や地表に潜み,吸血源となる動物を待ち伏せしている(図3-2).したがって,マダニ類は,一定の気温と湿度が保たれ,哺乳類,鳥類,爬虫類が出没する環境に高密度で生息する.

マダニ類は宿主動物と密接な関係を保ちながら生活しており,とくに,ニホンジカやイノシシなどの大型哺乳類の分布と,人に食いつくマダニ類の密度には,強い相関関係がみられる.したがって,こうした大型哺乳類の高密度生息地は,マダニ類に食いつかれる危険性がひじょうに高い場所だといえる.近年,ニホンジカやイノシシの個体数増加と分布拡大にともなって,農業や林業の被害が問題となっている.大型哺乳類の個体数が増えすぎた現状は,マダニ類による被害の面からも,由々しき

事態だといえる（2章34頁参照）.

　マダニ類は木々が生い茂った山間部だけに生息するものと信じている方が多いようだが，これは必ずしも正しくない．もちろんマダニ類は山林にも生息しているが，河川敷，都市公園，人家の庭，道端など，私たちの身近にも生息している．したがって，山林へ入らなくてもマダニ類に食いつかれる可能性が十分に考えられるのである．とくに，ニホンジカやイノシシが頻繁に出没する中山間地などでは，建物の外はすべてマダニ類の生息地だと考えた方が良い．

マダニ媒介感染症

　通常，マダニ類の体内には何らかの微生物が共生体あるいは寄生体として住み着いている．これらのうちの一部が人の体内に入り込んだ際に，マダニ媒介感染症が引き起こされる．マダニ類が媒介する病原体は多様で，ウイルス，広義の細菌（リケッチア，スピロヘータを含む），原虫などの病原微生物，さらには種々の毒物質まで含まれる．わが国では，従来マダニ媒介感染症の患者がほとんど見出されず，畜産分野におけるピロプラズマ症と医学分野における野兎病が研究されてきた程度であった．しかし，1984年に日本紅斑熱の患者が徳島県で発見されたことを皮切りに，ライム病，ダニ脳炎などの患者もわが国から確認された．近年のSFTS患者の発見は先に述べたとおりであり，実際は多様な種類のマダニ媒介感染症患者が国内で発生している．とりわけ，SFTS，日本紅斑熱，ダニ脳炎では死亡例が確認されており，研究者のみならず一般社会からも注目を集めている（2章37頁参照）.

　いくつかの種類の病原微生物は，マダニ雌成虫の体内で卵巣へ侵入し，卵へ移行する．たとえば，セイブクロアシマダニ *I. pacificus* 体内のボレリア属細菌の1種 *Borrelia burgdorferi* およびクリイロコイタマダニ *Rhipicephalus sanguineus* 体内のロッキー山紅斑熱リケッチア *Rickettsia rickettsii* は，母親から子へ高率に感染する．つまり，卵から孵化したばかりの幼虫でも病原微生物を保有している可能性があるのである．体長が1 mmに満たない幼虫といえども，あなどってはいけない．

マダニ刺症

　2007年5月のある晩，私は当時住んでいた富山県の県職員住宅でゆっくり湯船につかっていた．一日の疲れを癒し，ほっとするひと時である．その際，自分の大切な部分の柔らかい皮膚にタカサゴキララマダニの若虫（図3-1A，口絵23）が食いついていることに気がついた．リラックスした気分がその瞬間に吹っ飛んでしまったことは言うまでもない．タカサゴキララマダニは，富山県ではほとんど採れない珍しい種だったので，どこで食いつかれたのか気になった．私は，その日や前日には，マダニ類に食いつかれそうな場所を訪れていなかった．しかし，前々日には，タカサゴキララマダニが多くみられる宮崎県の照葉樹林でマダニ採集を楽しんでいた．つまり，このタカサゴキララマダニは，宮崎県で私の身体に食いつき，気づかれることなく富山県へ運ばれて来たものだった．「ミイラ取りがミイラになる」ではないが，マダニ採りに行ってタカサゴキララマダニに食いつかれるという笑えない状況だったわけだ．

　マダニ類は，唾液の中に痒みや痛みを抑える物質を含んでいるため，食いついた人に気づかれることなく長時間にわたり吸血し続けることができる．私がタカサゴキララマダニに食いつかれたことに3日間まったく気づかなかったのも，このためであった．ただし，マダニ類の種類や食いつかれた人の体質によっては，痒みや痛みをともなうこともある．昆虫学者の丸山宗利さんがマレー半島での野外調査中に複数のタカサゴキララマダニ幼虫と若虫（図3-1A，口絵23）に食いつかれた時は，瞬間に痛みがあり，食いつかれた部位に発赤と弱い腫脹（局所の血流量が増加し，体の組織や器官の一部が腫れ上がること）も認められた．それらの部位に触れるとヒリヒリする火傷のような痛みがあり，この痛みは2週間以上続いたという．背中に食いついた1個体の幼虫は，丸山さんといっしょに飛行機で日本へ運ばれ，帰国後に除去された．

　上に挙げた2つの例のように，マダニ類は皮膚に長時間食いついて吸血するため，人の移動にともなって食いついたマダニ個体が遠方へ運ばれることも多い．ちなみに，マダニ類の吸血期間は発育ステージによって異なり，大多数の種の幼虫では3～6日間，若虫では3～10日間，雌成虫では6～12日間である．この数値はマダニ種や外気温などの条件によってもかなり変化し，なかにはタカサゴキララマダニの雌成虫が40

日間も食いついていたという報告もある．いずれにしても，蚊などの吸血昆虫に比べると，マダニ類が満腹するまでには著しく長い時間が必要なのだ．

医学の皮膚科領域などでは，マダニ類に食いつかれた患者についての事例が「マダニ刺症」などの病名でしばしば報告される．日本皮膚科学会では，1998年出版の用語集で「マダニ刺症」を適切な病名とした．しかし，その後も皮膚科領域では「刺症」の他，「咬症」「刺咬症」「咬刺症」「寄生」などさまざまな病名が用いられており，用語が統一されていない．ちなみに，形態学的にはマダニ類が「咬む」ことはないため，「咬症」「刺咬症」「咬刺症」は推奨できないと個人的に思っている．そこで，この章では，マダニ類が人体に寄生する生態的な行動に対する平易な用語として「食いつく，食いつかれる」を，マダニ類の寄生で起こる健康被害の病名に対して「マダニ刺症，マダニ人体刺症」を用いた．

マダニ人体刺症の発生は，わが国では春から夏に多いのだが，これはこの時期にマダニ類がとくに活発に活動していることを意味するわけではない．むしろ，人の活動や薄着をする季節などと関係している．春から夏には，人が薄着をして野外に出ることが多いので，この時期にマダニ人体刺症が多く報告されるのである．すなわち，春から夏に活動し，生息環境の条件が合うマダニ種が人体刺症の原因となる．

わが国では，これまでに20種のマダニ類による人体刺症が報告されている．しかし，マダニ人体刺症の大部分は，少数のマダニ種に起因する．わが国でもっとも症例報告の多い種はヤマトマダニ *I. ovatus*（図3-1E，口絵27）で，2位はシュルツェマダニ *I. persulcatus*（口絵29），3位はタカサゴキララマダニ（図3-1A，口絵23）と続く．

南北に長い日本列島では，地域によって分布するマダニ類の種構成が異なるため，地域ごとに人体刺症の主要原因マダニ種が異なる．北海道から中部地方では主としてマダニ属の種（図3-1D, F，口絵26, 27）が多いが，温暖な千葉県ではチマダニ属 *Haemaphysalis*（図3-1B, C，口絵24, 25）の割合が高く特殊である．近畿地方以西ではタカサゴキララマダニ（図3-1A，口絵23）とフタトゲチマダニ *H. longicornis*（図3-1C，口絵25）が多い．

食いつかれないために

それでは，マダニ類に食いつかれないためにはどうしたら良いのだろうか．以下に要点を述べる．

1) 衣服について

マダニ生息地へ立ち入る際は，長ズボンを着用し，ズボンの裾を靴下の中に入れることが望ましい．さらに，シャツの裾もズボンの中に入れる．つなぎの服や長靴を着用すれば，なお効果的である．このようにすれば，マダニ類がズボンや靴に付着したとしても簡単には皮膚へたどりつけなくなる．衣服の生地は，毛羽立ってモコモコしているとマダニ類が付着しやすいため，目の細かいスベスベしたものが良い．さらに，白色系の服装は，マダニ類が付着しても容易に確認できるため，おすすめである．

多くの自治体やマスコミは，マダニ対策として帽子の着用と首にタオルを巻くことを推奨している．しかし，これらはマダニ対策としては無意味である．同じく推奨されることの多い長袖や手袋も，草丈の高い草むらに分け入る場合を除いて，ほとんど意味はない．マダニ類は蚊やアブのように空中を飛んでこないので，上半身の肌の露出を減らすことに大きな意味はないのである．むしろ，炎天下に肌をほとんど露出しない服装で出かけると，熱がこもって体力の消耗が激しく，熱中症になってしまう危険性も高まるのでおすすめできない．

マダニ類は，ヒトの頭部へ食いついた状態で見つかることも多い（口絵33A）．そのため，樹上からマダニ類が落下して頭部に食いつくと信じている方が少なくない．しかし，それは誤解である．マダニ類は，ズボンや靴などに付着した後，吸血に適した部位を求めて這い回り，好みの部位に達すると食いつく．つまり，マダニ類は最初に付着した部位から吸血するわけではないのである．ちなみに，日本では樹上に生息するマダニ種は知られていない．

マダニ種によっては食いつく部位に選好性がみられ，ヤマトマダニ（図3-1E，口絵27）は人の顔面，とくに眼瞼を好むことが知られており，足元から気づかれることなく這って移動し，お好みの部位へ食いつくのである．その他，キチマダニ（図3-1B，口絵24）とアカコッコマ

ダニ *I. turdus*（図 3-1F，口絵 28）は頭部を，タカサゴキララマダニ（図 3-1A，口絵 23）は，足の指と指の間，生殖器，肛門など下半身の湿めった部位へ食いつく傾向がある．

2) 忌避剤の使用

マダニ忌避剤としては，吸血昆虫全般に対して高い忌避作用をもつディート（DEET，化学式：N,N-ジエチル-3-メチルベンズアミドもしくは N,N-ジエチル-m-トルアミド）という化合物がよく用いられている．一定濃度以上のディートを使用することで，マダニ類の探索行動に対する有意な防御作用がみられる．したがって，衣服や靴の上，あるいは肌の露出部分にマダニ忌避剤をスプレーで吹きかけると効果的である．

ディートは，厚生労働省が推奨している虫よけ剤の成分であり，これを含む虫除けスプレーは薬局などで販売されている．また，国内で承認認可されたばかりのイカリジンにもマダニ類に対する忌避効果があるという．

3) マダニ生息地では

できるだけマダニ類との接触を避けることが重要である．茂みの中にはできるだけ入らないようにする他，直接地面に寝たり座ったりするのを避けることである．できれば，時々，衣服や靴にマダニ類が付着していないかチェックし，付着していた場合にはそのつど払い落とした方がよい．

4) 帰宅してから

扁平な体型のマダニ類は，8本の脚でしっかりと衣服等に付着するため，手で軽く払ったくらいではビクともしないことが多い．そして，付着したまま屋内へもち込まれる場合もある．そのため，マダニ生息地から帰宅したらすぐに衣服を脱いで着替えることが推奨されている．衣服に付着したマダニ類が屋内へもち込まれて人に食いついた例として，北海道衛生研究所の服部畦作さんと西東皮膚科医院の西東敏雄さんによる共同報告の内容を以下に示す．1977 年 6 月，札幌市内の住宅街に住む 1 歳 1 か月の未歩行の乳児が，5 日間に 2 回もマダニ類に食いつかれた．2 個体のうち 1 個体は破棄されたが，もう 1 個体はシュルツェマダニ雌

成虫（口絵29b）であった．この事例では，最初のマダニ個体が発見された4日前に父親がゴルフに行っていた．そのため，ゴルフ場で父親の衣服等に付着したマダニ類が自宅へもち込まれ，同一室内で就寝中の乳児から吸血したと推定されている．マダニ類は飢餓に強く，適切な湿度が保たれれば吸血せずとも長期間生存できるため，このような被害は少なくないと考えられる．したがって，帰宅後すぐに衣服を着替えるとともに，脱いだ衣服を洗濯し，天日干しにするか乾燥機にかけることが望ましい．マダニ類は，洗濯しただけでは死なないが，乾燥には弱い．そのため，万が一マダニ類が衣服に付着していたとしても，よく乾かすことで確実に殺すことができる．

さらに，できるだけ早く入浴し，自分の身体にマダニ類が付着していないかチェックするとよい．私自身，入浴中に自分の身体に食いついたマダニ類を見つけたことが数回ある．ちなみに，湯船につかっても食いついたマダニ類が皮膚から離れるわけではない．

その他，野外から鳥獣の死体，植物，キノコなどを屋内へ持ち帰り，それらに付着していたマダニ類によって屋内で食いつかれたという事例も知られている．マダニ類が潜んでいる可能性のあるものを持ち込む際には，密閉容器に入れるなどして，マダニ類が這い出てこないよう気をつけた方がよい．

食いつかれてしまったら

皮膚に食いついて大きく膨らんだマダニ虫体は，血液色ではなく，灰色か黒褐色である（口絵29c, 33B）．口器は根元まで皮膚に深く挿入されていて見えず，ふくらんだ全虫体に比べると背板も相対的に小さな部分となり，脚も腹面に隠れて認めにくくなる．食いつかれた本人も痛みや痒みを感じないことが多いため，ふくらんだマダニ個体をイボ，ホクロ，腫瘍と誤認してしまうことも多い．じつは，医療従事者が，食いついたマダニ個体を正しく認識できず，誤診してしまった例も少なからず知られている．

不幸にもマダニ類に食いつかれてしまったら，どう対処したら良いのだろうか．もっとも大切なことは，できるだけ早く除去することである．前にも述べたように，マダニ類はさまざまな感染症を媒介する．これら

の感染症の病原体は，マダニ類が食いついてすぐに人体へ侵入するわけではない．病原体の種類によって時間は異なるが，いずれにしても病原体が人体へ侵入するにはマダニ類が皮膚に食いついてからある程度の時間（ライム病であれば48時間）が必要である．したがって，マダニ類を早く除去できれば，それだけ感染のリスクを減らすことができる．多くのマスコミや自治体は，もしマダニ類に食いつかれたら，自分で取り除くのではなく，医療機関で除去してもらうよう推奨している．しかし，SFTSや日本紅斑熱などの重篤な感染症を考慮するならば，マダニ類を皮膚に付けたまま医療機関へ行くような悠長なことをするよりは，少しでも早くマダニ類を除去すべきである．つまり，可能であれば自分たちで除去を試みるべきである．マダニ類の口器（口絵34）のうち皮膚へ挿入される口下片の腹面には逆向きの歯がたくさん生えており，刺さると抜けにくい構造になっている．しかし，幼虫・若虫とチマダニ属成虫の口下片は短いため，一般の方でも自力で除去することは難しくない．自分で除去できない場合だけはマダニ類を皮膚に付けたまま医療機関へ行き，外科的に除去してもらうとよい．

　自分でマダニ類を取り除く際，強引にむしり取ってはいけない．基本は，ピンセットなどを使って，食いついたマダニ個体の根本部分（口器付近）を挟み，左右に何度かひねったり，虫体を裏返したり元に戻したりを繰り返した後，慎重に引き抜くことである．幼虫・若虫やチマダニ属成虫なら，この方法でたやすく除去できる場合が多い．なお，強引に引っ張ると口下片がちぎれて皮膚（真皮）の中に残り，異物肉芽腫（体内に存在する異物が原因の慢性的な炎症によって生じる瘤）の原因となる場合がある．通常，マダニ類を除去した痕は早期に治癒することが多い．しかし，マダニ口下片が皮膚内に残ると肉芽腫となり，長きにわたって痒さが続く場合もある．だから，上記の方法で除去できない場合は，無理をせず，医療機関のお世話になったほうがよい．

　マダニ類に食いつかれてからおおむね1～2日以内であれば，ワセリン法が有効である．ワセリン法とは，兵庫医科大学の夏秋 優さん（コラム2の執筆者）によって広められた方法で，皮膚に食いついたマダニ個体の上にワセリンなどを厚く塗ることによって，30分程度でマダニ個体が外れやすくなることを利用した除去法である．ワセリン法という名称ではあるが，ワセリンに限らず軟膏やバターなど油脂性成分のもの

なら同様の効果が得られるそうだ．実際，私の妻が久留米市でタカサゴキララマダニの若虫（図 3-1A，口絵 23）に食いつかれた際，この方法をためしてみた．はじめは引っ張っても除去できなかったのだが，ハンドクリームを虫体に塗って 30 分程度経った後で触ってみたところ簡単に除去できた．タカサゴキララマダニに食いつかれたのはその日の午前中で，除去はそれから 10 時間以内であった．したがって，ワセリン法は，食いつかれてそれほど時間が経っていないのなら，有効な方法だと思う．食いつかれて時間が経つと，マダニ類の唾液腺から分泌されるセメント様物質により，口下片が皮膚へ強固に固着してしまう．こうなってしまうと，ワセリン法を用いても除去は困難である．

　マダニ媒介感染症が日本よりもはるかに一般的である欧米では，皮膚に食いついたマダニ個体をひねることで除去する道具，ティックツイスター（Tick Twister®；他に，ティックキー，ティックリムーバーなど；4 章 67 頁も参照）が使用されている．最近，これらは国内でも安価で販売されている．ティックツイスターなどを用いれば，高い確率で除去できるうえ，処置時間が短く，皮膚への負担も少ない．ただし，これらの道具を使う場合でも，ワセリン法と同様，食いつかれてから長時間が経過すると除去の成功率は下がる．やはり，皮膚に食いついたマダニ個体を早期に発見して処置することが重要なのである．

　マダニ属とキララマダニ属の成虫には長い口下片があるため，これらに食いつかれると除去は容易でない．食いつかれて 24 時間以内であれば，まだ自力で除去できる可能性もある．しかし，それ以降になると引っ張ってもビクともしなくなる．ふつう，外科的に除去せざるをえないため，医療機関を受診する必要がある．医療機関では，局所麻酔の後に，メスを使ってマダニ周囲の皮膚ごと切り取られることになる．患者にとってはシビアな除去法だが，マダニ媒介感染症の感染を防ぐという意味では，刺し口周辺の皮膚切除は効果があるようだ．なお，食いついたマダニ個体が大きくふくらんでいる場合は，間もなく皮膚から離脱するので，そのまま放置しておくという選択肢もある．しかし，前にも述べたとおり，マダニ媒介感染症のことを考えるなら，少しでも早くマダニ類を除去した方が安全である．

　民間療法として，皮膚に食いついたマダニ類に，タバコのヤニ，ニコチン汁，アルコール，塩などを塗るといった除去法が知られている．ま

た，マダニ類にタバコの火を近づけるという荒っぽい方法もある．しかし，これらの除去法にどの程度の効果があるのかは，科学的に確かめられていない．

マダニ類に食いつかれておよそ2週間以内に発熱，頭痛，発疹などの症状が現れた場合には，マダニ媒介感染症の疑いがあるため，できるだけ早く医療機関を受診してほしい．その際，除去したマダニ個体があれば持参し，それに食いつかれたことを医師に伝えることが重要である．マダニ媒介感染症には診断の難しいものも含まれる．マダニ種によって媒介する感染症の種類がある程度異なるため，除去したマダニ個体は診断のヒントになる．だから，除去したマダニ個体を捨ててはいけない．

また，日本ではあまり知られていないが，マダニ類に食いつかれることが原因で，肉アレルギー（肉が原因のアナフィラキシー）が発症するという報告もある（コラム2, 58頁参照）．肉アレルギーになると，牛肉などを食べられなくなってしまう．

おわりに

以上，マダニ人体刺症とその対策について述べた．マダニ媒介感染症はたしかに恐ろしいため，注意しておいた方がよい．しかし，あまり神経質になるのも考えものである．近年のマスコミ報道などにより，マダニ類の危険性が急に高まったかのように思われがちだが，以前からマダニ類はさまざまな感染症を媒介していた．それに，そもそもマダニ類に食いつかれても，ほとんどの場合は感染しない．

マダニ媒介感染症の対策では，マダニ類に食いつかれないことがもっとも重要であるため，マダニ類のことをよく知ることが予防につながる．むやみやたらと恐れるのではなく，マダニ類について正しい知識を身につけることこそが重要なのである．

参考文献

安西三郎・大塚 靖・青木千春・福田昌子・江下優樹・高岡宏行・阿南 隆・藤原作平・駒田信二・高木康宏（2004）マダニ刺症8例の検討．西日本皮膚科 66: 374-378.
泉谷一裕（2014）タカサゴキララマダニの非観血摘出法．皮膚の科学 13: 387-393.

江原昭三（編）(1980) 日本ダニ類図鑑. 全国農村教育協会, 東京. 562 pp.
江原昭三（編）(1990) ダニのはなしⅡ—生態から防除まで. 技報堂出版, 東京. 222 pp.
藤田博己 (2014) 屋外のマダニ類—どんな種類がいて，どんな感染症を媒介するか. Pest Control Tokyo 66: 43-47.
服部畦作・西東敏雄 (1978) 市街地におけるシュルツェマダニ（*Ixodes persulcatus*）の乳児刺咬例. 衛生動物 29: 50.（講演要旨）
松岡裕之（編）(2016) 衛生動物学の進歩第2集. 三重大学出版, 津. 360 pp.
夏秋 優 (2013) Dr. 夏秋の臨床図鑑 虫と皮膚炎. 秀潤社, 東京. 200 pp.
夏秋 優 (2014) ワセリンを用いたマダニの除去法. 臨床皮膚科, 68: 149-152.
沖野哲也・後川 潤・的場久美子・初鹿 了 (2008) 本邦におけるマダニ類人体寄生例の概観 —文献的考察— (2) フタトゲチマダニおよびキチマダニ刺症例. 川崎医学会誌 34: 185-201.
沖野哲也・後川 潤・的場久美子・初鹿 了 (2012) 本邦におけるマダニ類人体寄生例の概観 —文献的考察— (8)1941年～2005年のマダニ刺症例全貌. 川崎医学会誌 38: 143-150.
島野智之・高久 元（編）(2016) ダニのはなし—人間との関わり—. 朝倉書店, 東京. 180 pp.
SADI組織委員会（編）(1994) ダニと疾患のインターフェイス. YUKI書房, 福井. 180 pp.
SADI組織委員会（編）(2007) ダニと新興再興感染症. 全国農村教育協会, 東京. 296 pp.
高田伸弘 (1990) 病原ダニ類図譜. 金芳堂, 京都. 216pp.
角田 隆・森 啓至・藤曲正登 (1998) 同定依頼検査よりみた千葉県におけるマダニ被害（平成2年-平成9年度）. 千葉衛研報告 22: 38-39.
山内健生・高田 歩 (2015) 日本本土に産するマダニ科普通種の成虫図説. ホシザキグリーン財団研究報告 18: 287-305.
山内健生・高野 愛・坂田明子・馬場俊一・奥島雄一・川端寛樹・安藤秀二 (2010) タカサゴキララマダニによる人体刺症の5例. 日本ダニ学会誌 19: 15-21.
山内健生・福井米正・渡辺 護・中川彦人・上村 清 (2010) 富山県におけるマダニ人体刺症の40例. 衛生動物 61: 133-143.
Yamauchi, T., A. Takano, M. Maruyama and H. Kawabata, (2012) Human infestations by *Amblyomma* ticks (Acari: Ixodidae) in Malay Peninsula, Malaysia. *J. Acarol. Soc. Jpn.* 21: 143-148.

コラム2
節足動物の刺咬・吸血による皮膚障害

夏秋 優

節足動物による皮膚障害

　節足動物の中にはヒトに対して刺す，咬む，あるいは吸血することで被害を及ぼす種類が少なからず存在する．これらのうち，攻撃として皮膚を刺咬することで毒成分を注入し，被害を与える刺咬性節足動物としてはハチ，ムカデ，クモなどが挙げられる．また，栄養を摂取するために皮膚から吸血する吸血性節足動物としては蚊，ブユ，ヌカカ，アブ，ノミ，トコジラミ，ダニなどが挙げられる．吸血性節足動物は吸血の際にその唾液腺成分を皮膚に注入するが，時には病原微生物を侵入させることによって感染症を伝播する．

　ここでは感染症の媒介者としてではなく，皮膚炎などの皮膚障害を引き起こす節足動物を紹介する（節足動物による皮膚炎に関する詳細は夏秋 2013を参照）．

皮膚障害を起こす刺咬性節足動物

　刺す虫の代表はハチで，オオスズメバチ，キイロスズメバチなどのスズメバチ類，セグロアシナガバチ，キアシナガバチなどのアシナガバチ類，ニホンミツバチ，セイヨウミツバチなどのミツバチ類がハチ刺症のおもな原因種となる．ハチの尾端部の毒針（口絵15）は雌の産卵管が変化したものなので，刺すのは雌だけで，雄には毒針はない．毒針で刺されると，激痛とともに紅斑（赤み）を生じる．これは，ハチ毒に含まれる成分（発痛物質や酵素など）によって生じる症状で，初めて刺された場合は数時間以内に症状が軽快することが多い．しかし，2回目以降になると，体質によっては毒成分に対するアレルギー反応が出現し，刺された直後から全身の痒み，呼吸困難，腹痛，気分不良などの症状が出現し，重症の場合は血圧低下，意識消失などを生じて，死に至ることもある．これはアナフィラキシーショックと呼ばれる症状で，ハチ刺症でもっとも注意を要する健康被害である．

　咬む虫の代表はムカデで，トビズムカデ *Scolopendra subspinipes mutilans* による被害が多い．ムカデ毒にも発痛物質や酵素類が含まれており，頭部にある毒牙（口絵20）で咬まれて毒液が皮膚に注入されると激しい痛みを生じる．ムカデ咬症でもハチ刺症と同様に，毒成分に対するアレルギー反応を生じる場合があり，稀ながらアナフィラキシー症状をきたすこともある．

　セアカゴケグモ *Latrodectus hasseltii*（口絵21）はオーストラリア原産の毒グモで，

もともと外来種であるが，すでに国内のほぼ全域に分布を広げて定着している．本種の毒腺には α-ラトロトキシンという神経毒が含まれており，咬まれると激しい痛みとともに発汗や動悸，不安などの神経症状が出現する．セアカゴケグモ咬症の重症例で適用されるオーストラリア製の抗毒素製剤は現在入手困難な状況にあることから，厚生労働省は純国産の抗毒素製剤の作成を進めている．

皮膚炎を起こす吸血性節足動物

　吸血する虫の代表は蚊で，国内ではアカイエカ *Culex pipiens pallens*（口絵5），ヒトスジシマカ *Aedes albopictus*（口絵2）が蚊刺症のおもな原因種といえよう．蚊に刺された場合，吸血直後に痒みを伴う膨疹（ミミズ腫れ）が出現する場合と，1〜2日後に痒みを伴う紅斑が出現する場合がある．これは，注入された唾液腺物質に対するアレルギー反応であり，前者は即時型反応，後者は遅延型反応と呼ばれる．蚊の吸血によって現れる皮膚症状は，吸血の頻度や個々の体質による個人差があり，年齢とともに変化することが知られている．生まれて初めて蚊に刺された場合，皮膚症状は出ないが，その後はアレルギー反応による症状が出現するようになる．一般に小児期には遅延型反応が現れやすく，青年期以降は即時型反応が現れるが，両者が出現する年代もある．

　蚊と同じ双翅類Diptera（＝ハエ目）の吸血性昆虫であるブユ，ヌカカ，アブなどは，おもに山間部の渓流沿いや高原などに生息し，野外活動の際に被害を受けることが多い．刺されると，それぞれの唾液腺物質に対するアレルギー反応の結果として皮膚炎を生じるが，症状には個人差が大きい．

　ノミによる被害はネコノミ *Ctenocephalides felis*（口絵16）がおもな原因となり，野良ネコの多い公園や人家周辺で発生する．ノミは翅をもたないので，成虫が地表に待機しており，ヒトが通るとジャンプして下腿や足から吸血する．臨床的には水疱（水ぶくれ）を形成しやすいことが特徴である．

　トコジラミ *Cimex lectularius*（口絵17）は夜間の就寝中に皮膚の露出部から吸血するので，吸血に気づかない場合が多い．皮疹は2〜数か所が並んで認められる場合があるが，これは吸血中の口器の刺し変え行動によるものである．

　ダニ類のうち，イエダニ *Ornithonyssus bacoti*（口絵22）はもともとドブネズミなどに寄生するが，家屋内のネズミの巣から這い出して室内に侵入し，就寝中のヒトからも吸血する．イエダニ刺症では脇周囲や下腹部などに痒い皮疹が見られる．マダニは野生動物に寄生するが，ヒトが野外活動をおこなった際に皮膚に咬着して吸血する．そして数日〜10日の間，皮膚に咬着し続け，十分に吸血して満腹になると自然に脱落する（口絵29c, 33B）．マダニはライム病や日本紅斑熱，重症熱

性血小板減少症候群（severe fever with thrombocytopenia syndrome, SFTS）などの感染症を媒介することで問題となるが（2章37頁参照），マダニ刺症によって痒みを伴う紅斑が出現する場合があり，アレルギー反応が関与すると思われる．近年ではマダニ刺症を繰り返すことで牛肉に対するアレルギーを獲得する可能性が示されており（千貫ら 2016），マダニと牛肉に共通して存在する糖鎖が原因ではないかと推定されている．

節足動物は招かれない生物か

　多くの節足動物が感染症を引き起こす病原体の媒介者，あるいは皮膚障害の原因としてヒトに被害を与えるが，これは節足動物のごく一部にすぎない．そもそも節足動物は人類よりはるか昔から地球上で生活しており，自分たちの生命や遺伝子を守るためにヒトを攻撃し，吸血の対象としているのである．そう考えると，自然環境を破壊し，文明を発展させているヒトの存在こそ，節足動物にとって招かれない迷惑な存在なのかもしれない．

参考文献

夏秋 優 (2013) Dr. 夏秋の臨床図鑑　虫と皮膚炎．学研メディカル秀潤社，東京．199 pp.
千貫祐子・森田栄伸（2016）マダニ咬傷と牛肉アレルギー．*MBDerma* 245: 40-48.

4章
ツツガムシの刺咬による健康被害「つつが虫病」

佐藤 寛子

はじめに

　つつが虫病は，病原体 *Orientia tsutsugamushi*（つつが虫病リケッチア）を保有するダニの一種であるツツガムシの幼虫に刺咬されることにより発症する細菌感染症である．西アジアから極東ロシア，南はオーストラリアまでの広い範囲を中心に発生しており，年間の患者数は推計約100万人とされている．

　つつが虫病の歴史は古く，最古の記録は中国の『抱朴子』（葛洪，313）で，沙蝨という虫によって起こる破傷風に似た病気として紹介されている．わが国の歴史に登場したのは江戸時代であり，新潟・山形・秋田県の一部河川流域で夏季に多発する風土病として，当時の藩記録，地誌などに記されている．犠牲者も多く，明治以降の統計によると有効な治療薬が発見されるまでの3県の平均死亡率は約30％であった．

　現在，つつが虫病は一年を通して全国で発生報告がある．わが国では，感染症の予防及び感染症の患者に対する医療に関する法律（感染症法）に基づき，診断した医師は直ちに保健所への届け出が義務付けられる4類感染症に指定されている（3頁表1参照）．近年は毎年400例前後の患者届け出があるが，わずかながら死亡例も後を絶たない．つつが虫病は有効な治療薬があるが，現代においてもなお油断がならず，輸入感染症としての側面ももち合わせているグローバルな感染症である．

つつが虫病の症状と治療

　つつが虫病を発症するのは，病原体を保有するツツガムシに刺咬され

たヒトだけで,ヒトからヒトへの感染はないが,小児から成人まで全年齢層で発生している.ツツガムシに刺咬された7〜10日後に倦怠感と強い頭痛,悪寒,食欲不振に続く急な発熱(多くは38℃以上の高熱)をもって発症し,それから4〜5日経つと胸や腹,背中に2〜3 mmの赤褐色の発疹が現れる.その後,発疹は徐々に全身に広がっていくが(口絵35左),手掌や足底に確認される例は稀である.ツツガムシの刺咬した痕を「刺し口」といい,はじめは発赤程度であるが,やがて丘疹から水疱となり,発疹が現れるころには1 cm程度の特徴的な潰瘍あるいは黒いカサブタとなっている(口絵35右).刺し口は,胸や腹,次いで鼠径部から大腿部など皮膚がやわらかく湿った場所に多く,小児では頭皮に見られることも多い.刺し口の近くのリンパ節は有痛性の腫脹を認めるが,一部のツツガムシによる例を除き,刺し口そのものには痛みやかゆみを感じることがほとんどない.そのため,大多数の患者はツツガムシの被害に遭ったことに気がつかないまま発病している.病原体をもたないツツガムシに刺咬された場合は,つつが虫病を発症しないが,皮膚炎を起こすことがある(口絵36).

つつが虫病の治療にはテトラサイクリン系の抗菌薬が劇的な効果を示し,投与を受けてから翌日から翌々日には解熱,全身状態も急速に改善する.早期に受診,治療を開始すると通院治療のみで完治するが,その一方で,さまざまな感染症治療において第一選択薬になることが多いβ-ラクタム系抗菌薬,セフェム系抗菌薬はまったく無効で,無治療と同じ経過をたどる.適切な治療が遅れると,肝・腎不全,播種性血管内凝固症候群,脳炎などを併発し,発病から1週間程で死に至ることもあるため,早期の診断と治療開始が命綱となる.これまでの重症例や死亡例の多くは,本人につつが虫病の自覚がなかった,あるいは,つつが虫病に馴染みのない地域で発生したなどの理由から受診と適正治療が遅れたためとされている.重症化すると病態が複雑になるため,病因が不明のまま患者は死亡,その後の検査でつつが虫病であったことが判明した例もある.

つつが虫病を見分ける方法は3つ

高熱に続き発疹が現れるという症状を示す感染症は多種存在する.つつが虫病を見分ける,おもな3つの方法を紹介する.

1) 血清学的診断法：病原体に対する特異抗体を捕らえる

　病原体がヒトや動物の身体に残していった痕跡をみる方法である．ヒトや動物は自己ではない別の物質が身体に侵入すると，それぞれに特有の抗体（免疫グロブリン）を産生し，排除しようという免疫応答が働く．この生体反応を利用し，血液中の病原体に対する抗体を捕らえることで感染を見分けるという診断方法である．つつが虫病の診断には，現在，間接蛍光抗体（IF）法あるいは間接免疫ペルオキシダーゼ（IP）法の2法が使われている（Iida 1966, 須藤 1983）．IF法では血中に抗体が存在する場合 *O. tsutsugamushi* は蛍光色に，IP法では茶褐色に発色し，それぞれ顕微鏡で観察することができる（口絵 37）．

　O. tsutsugamushi には複数の血清型が存在するが，現在確認されている国内のおもなヒト感染性 *O. tsutsugamushi* は，Gilliam 型，Karp 型，Kato 型，Irie / Kawasaki 型，Hirano / Kuroki 型，Shimokoshi 型の6つである（藤田 2015）．IF法，IP法では患者が感染した型の血清抗体価が最高値を示す．興味深いことに，各血清型はツツガムシ種との関連が強く，患者の血清型とツツガムシ種の地理的分布には一定の相関性がみられる．そのため，感染型が判明することによってどんなツツガムシ種に刺咬されたかが想定できる（表 4-1）．

2) 遺伝子学的診断法：病原体の遺伝子断片を見つけだす

　サスペンスドラマでは，事件現場に残された髪の毛や体液などヒトの身体の一部から個人を割りだすシーンが登場する．病因を探る遺伝子学的診断法においては，事件現場である患者の身体の中に病原体遺伝子の一部，すなわちDNA断片を見つけだすことで，病原体の存在が証明される．具体的には，検出したい病原体特有のDNA断片をポリメラーゼ連鎖反応（polymerase chain reaction, PCR）により増幅させ，これに色素や蛍光物質等を用いて視覚的に病原体遺伝子の有無を確認する（＝検出）．つつが虫病では患者の血液や刺し口の痂皮，発疹部の皮膚から*O.tsutsugamushi* のDNAが検出される．このDNAを解析することによって，感染した病原体の遺伝子型と媒介ツツガムシ種もおおよそ知ることができる（表 4-1）．

表 4-1 つつが虫病を媒介する主なツツガムシ種（日本国内）（髙田 1990，多村 1999 より一部改変）

ツツガムシ種	日本国内分布域	幼虫活動期[1]	*O. tsutsugamushi* の血清型（遺伝子型[2]）
アカツツガムシ	秋田・山形・新潟・福島県の一部河川中流域	夏	Kato
フトゲツツガムシ	北海道南部～九州	秋，翌春～初夏	Gilliam (JG), Karp (JR-2, JP-1 [3])
タテツツガムシ	東北中部以南，南西日本に優勢	秋～冬	Irie/Kawasaki, Hirano/Kuroki [4]
デリーツツガムシ	沖縄県池間島	夏	Gilliam (Taiwan 系 Gilliam)
アラトツツガムシ	北日本に優勢，西日本にも散発	秋，翌春～初夏	Karp (JP-1)
ヒゲツツガムシ	全国各地	秋，翌春～初夏	Shimokoshi [3]
トサツツガムシ	愛媛県を除く四国・淡路島・長崎県五島列島	夏	不明

[1] 地域によって異なる．
[2] 遺伝子型名は血清型名と異なる場合のみ示した．
[3] ネズミ吸着ツツガムシから JP-1 型，Shimokoshi 型の遺伝子がそれぞれ検出された (Seto et al. 2013)．
[4] 未確定．

3) 分離培養：生きた病原体を捕らえる

O. tsutsugamushi は，「偏性細胞内寄生性細菌」に分類され，生きた細胞内でしか発育できないという特徴をもつ．これを利用して，*O. tsutsugamushi* に感受性のある培養細胞あるいはマウスに患者血液を接種し，増殖させて細胞の変性やマウスの発症をもって病原体分離とする．いわば，生きた病原体をそのまま捕らえる方法となる．病原体の詳細な解析には必要不可欠な方法であるが，分離には前出の 2 法よりも時間を要し，動物実験や細胞培養ができる施設は限られる．さらに，分離された病原体が *O. tsutsugamushi* であることの確認も必要となるため，迅速性が求められる日常的な検査診断には向かない．

つつが虫病を予防するには

個人的な防御

つつが虫病のワクチンは作られていない．また，殺虫剤の散布などで自然界に広く生息するツツガムシを根絶するなどということは，費用や環境保護の観点からも現実的ではない．現状では完全な予防は難しいが，ツツガムシに取りつかれる機会を少なくすることと，もし身体に取りつかれても早期に取り去ることが有効である．しかし，ツツガムシの幼虫は体長が 0.2～0.3 mm とたいへん小さく（口絵 38 左），肉眼で見つけて

振り払うことは不可能である．そのため，次のような対応が推奨される．
(1) 直にツツガムシが身体に取りつくことを防ぐ：野山・田畑・河川敷では長袖，長ズボンを着用し，できるだけ素肌を出さない．
(2) 刺咬される前にツツガムシを取り去る：帰宅後は速やかに入浴し，念入りに身体を洗い流す．
(3) 衣類から這い出たツツガムシが家族に取りつくことを防ぐ：脱衣後は衣類を室内に持ち込まない，またはすぐに洗濯をする．
(4) 野外活動時には忌避剤を使用する：ツツガムシ幼虫の忌避にはディート（DEET；化学名：N,N-ジエチル-3-メチルベンズアミドもしくは N,N-ジエチル-m-トルアミド）成分が12％濃度以上の医薬品に効果が認められている（角坂 1987, 2012）．ただし，効果は塗布部のみであり，有効時間の制限や乳幼児，学童への使用回数に制限があることを勘案すると，(1)〜(3) の予防法と併せて使用することが望ましい．

社会全体での防御

つつが虫病は，毎年同じような地域・時期に発生することから，社会全体への予防啓発が必須である．そのため，地域の公衆衛生行政が果たす役割は大きい．

秋田県では，医師会の協力のもと，医療機関と地方衛生研究所，公衆衛生行政機関が一貫した早期診断と治療→届出→公表の体制を整え，患者届出の受理後は速やかにマスコミへ情報提供し，新聞やテレビを通じた報道による注意喚起と啓発を行っている．さまざまな情報媒体やサービスがある今も，こうしたマスメディアを利用するのは，情報を幅広い世代へ迅速かつ確実に伝えるためである．実際，新聞報道が受診のきっかけとなり，重症化を未然に防ぐことができた例があり，情報提供の重要性が報告されている（佐藤 2013）．また，つつが虫病患者が多発する地点が明確である場合は，立ち入りの際は注意するよう呼びかける看板の設置なども有効である．

全国でも，患者届け出数が多い地域は，医療機関と行政の連携が良好な傾向にある．秋田県のつつが虫病対策の体制確立を推進した須藤は，「届出数の増多は，むしろ対策の進歩の現れと真の患者数への接近」としている（須藤 1987）．

ツツガムシを知る

どんな虫か

　つつが虫病はツツガムシによって媒介されることから，その種類や生活環を理解することが重要となる．ツツガムシは節足動物門の蛛形綱（＝クモガタ綱）ダニ目 Acarina に属するケダニ亜目 Prostigmata のうち，レーウェンフェク科 Leeuwenhoekiidae とツツガムシ科 Trombiculidae の 2 科のいずれかに属するダニの仲間で，現在，世界には約 3,000 種，日本には約 120 種が知られている（高橋・三角 2007）．クモに近い仲間だけあって，若虫と成虫の足は 4 対 8 本であるが（口絵 30b），幼虫は 3 対 6 本となっている（口絵 30a, 31, 38 左）．ツツガムシは，卵〜幼虫〜若虫〜成虫〜産卵という生活環をもち，ほとんどの期間を地表面の枯葉の下，あるいは浅い土壌中で他の虫の卵などを餌として生活している．ツツガムシが地表で活動するのは幼虫期のみで，この期間に次の成長を果たすために 1 度だけ，脊椎動物（宿主）を刺咬し，栄養を取り入れる．幼虫は宿主動物が排出する二酸化炭素を感知してその体にとりつくが，すぐに刺咬することはない．対象が野ネズミであれば毛が密集していない耳介内，ヒトであれば比較的皮膚の柔らかい部分まで移動した後，顎体部の鋏角刀と呼ばれる口器（口絵 38 中）を刺し込んで唾液腺から消化液を分泌し，これで溶かした融解皮膚組織を吸う．さらに，吸着管と呼ばれる細長い管を数時間かけて形成し（口絵 38 右），これをストローのように使って消化液を注ぎ，組織液を吸うことを繰り返すが，この時，唾液腺から消化液と共に病原体も注入される（Kadosaka and Kimura 2003）．つつが虫病患者で特徴的な大きな刺し口は，この時に唾液と共に侵入した病原体が皮下で増殖したことによる病変である．病原体はやがて毛細血管へ到達し，全身へ行き渡るが，宿主が野ネズミなどの野生動物であった場合は，病原体に対する免疫系が働いた証拠である「抗体」が産生されるが発症しない．一方，不幸にもヒトであった場合は，つつが虫病を発症することになる．なお，マウス実験によると，病原体が侵入し，発症するまでには少なくとも 6 時間の吸着時間が必要であった（Kadosaka 1996）．幼虫は，2 日〜1 週間ほどかけて組織液を吸い，満腹になると離れて再び地下へ戻り休眠し，次の成長段階へ進む（図 4-1）．

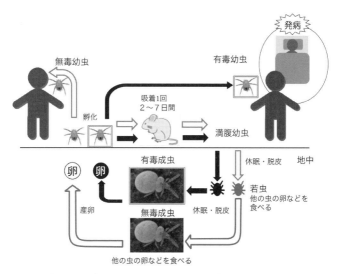

図 4-1　ツツガムシの一生と *O. tsutsugamushi* の伝播．有毒：病原体保有ツツガムシ，無毒：病原体非保有ツツガムシ（高橋 1990 を改変）．

ツツガムシと病原体の関係

　国内のツツガムシ種のうち，ヒト嗜好性があり，つつが虫病を媒介することが知られているのはアカツツガムシ，フトゲツツガムシ，タテツツガムシなど数種に限られ，調査地点にもよるが病原体保有率は平均すると 0.03〜2％程度とごくわずかとされる（浦上・多村 1996）．また，日本国内に広く分布するフトゲツツガムシを飼育した実験によると，病原体は一部の集団の間で代々経卵伝播されていることがわかった．（高橋 1990）．いずれのツツガムシ種も病原体と共生しているため，成長を妨げられることはなく病原体保有ツツガムシと非保有ツツガムシは外観上，変わることはない．

どんなところにいるのか

　ツツガムシは，成長過程において脊椎動物への寄生が必須であることから，その生息地は野ネズミなど野生動物が活動するところである．このような条件下の環境として，一般には人里離れた，のどかな山や川などが想定されがちだが，ツツガムシが生息しているのは，こうしたいかにも自然という場所のみではない．つつが虫病患者の感染機会をみると

図 4-2　アカツツガムシが多く採集される水際の砂地.

もっとも多いのは田畑での農作業，ついで山林での山菜採りなどであるが，自宅庭での草取りや近所での散歩という例も多い．ツツガムシは意外にも身近に入り込んでいることがある．

つつが虫病を媒介するおもなツツガムシ種

つつが虫病の媒介種のうち，代表的な 3 種を紹介する（表 4-1）.

1) アカツツガムシ Leptotrombidium akamushi（口絵 30a, b, 口絵 38）

冒頭で紹介した古くから知られるつつが虫病とは，このアカツツガムシによるものである．夏が幼虫活動期で，新潟県（阿賀野川流域，信濃川流域），山形県（最上川流域），秋田県（雄物川流域）に分布し，各県ではシマムシ，アカムシ，ケダニなどと呼び名があった．また，患者発生はないが福島県の阿賀川河川敷でも採集された記録がある（髙田ら 1994）．アカツツガムシの好適生息環境は，河川水際の砂地や，降雨で水没する河川敷草地や中洲の地表面であり，日頃，浸水がほとんどない場所ではアカツツガムシは採集されない（佐藤ら 2016）（図 4-2）．かつては河川敷で農耕牛馬用の草刈りをした者や，畑作業した者が多く発病

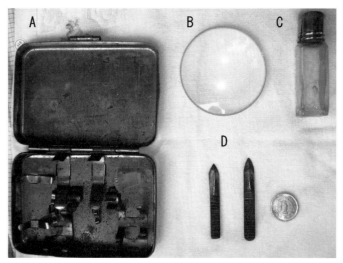

図 4-3 2012 年に秋田県大仙市角間川で見つかった「毛掘り道具」一式．A) 収納ケース，B) 凸レンズ，C) 消毒用アルコール瓶，D) 毛掘りをする刀．凸レンズで患部を拡大してツツガムシを確認，刀の尖った方を皮膚に突き立て，血がほとばしるまで肉をえぐり，「ケダニ」を除去していたという．現在は秋田県立博物館に収蔵．
＊一円玉は大きさ対比のため．

したが，現在，発生頻度はひじょうに低く，釣りを感染機会とした例が秋田県で数年おきに発生するのみとなっている．こうした患者発生数の減少のおもな要因として，近年の生活様式の変化や河川護岸工事の進行によるアカツツガムシの好適な生息環境の狭小などが挙げられる．しかし，雄物川流域では本来，アカツツガムシがいないはずの田んぼ内に新設された捷水路（洪水時の水を流れやすくするための直線的な水路）の河川敷での活動が感染機会と思われる患者が 10 年間で 18 名発生し，アカツツガムシの新たな生息も確認された．このことは，護岸工事がアカツツガムシ減少に必ずしも良い効果をもたらすとはかぎらないことを示している（佐藤ら 2016）．

また，アカツツガムシは，刺咬された数時間後から衣服がその部分に擦れると，チクッとした鋭い痛みを感じるという特徴がある．昔は，この特有の痛みはつつが虫病発症の前徴と考えられていた．患者多発地には「毛掘り医者」，「虫掘り」と呼ばれるダニを取り除くことに長けた民間治療師が存在し，痛みを感じて発病を恐れた住民は，各地域独自の方

法による治療を受けていたのだろう（図4-3）.

2）フトゲツツガムシ Leptotrombidium pallidum（口絵31）

　北海道から鹿児島県まで国内に広く分布し，山間部の日当たりの良い草地や水はけのよい田畑に生息する．本種は寒冷に強く，孵化した秋に野ネズミなどに寄生できなかった場合，幼虫のまま活動を停止して土中で越冬し，気温が再び上昇する春になると活動を再開する（Takahashi 1995）．そのため，幼虫の活動期は秋と翌春の2シーズンである．秋の気温低下が早い北日本では翌春以降に寄生機会をもつ幼虫が多く，患者発生も春から初夏にかけて多い．一方，比較的温暖な地方では秋から冬に患者発生のピークが見られる．

3）タテツツガムシ Leptotrombidium scutellare（口絵32）

　東北中部以南から九州まで分布し，草原，畑，草地に囲まれた水はけのよい火山性砂礫の堆積がみられるような環境に生息するが散在的である．幼虫活動期は秋から初冬で，低温に弱いためフトゲツツガムシのように越冬することはない．タテツツガムシが高密度に生息する環境下では，地上から50 cm程度までの高さの草葉や枯れ枝の先端などに集塊を作り，宿主となる動物が通りかかるのを待ちかまえている姿を見つけることもある．

ツツガムシの国内分布と患者発生状況

　わが国はほとんどが温帯に属しながらも，日本列島は南北に長く伸びており，季節風や海流の影響も受け，地域によりその気候はさまざまである．そのため，生息するツツガムシも種の分布域や活動時期が異なり，寒さに弱いタテツツガムシの分布は九州一円から東北中部までで，越冬可能なフトゲツツガムシであっても北海道南部が北限となっている（表4-1）．これに伴い，患者発生は北東北では春から初夏にかけて，九州を中心とした関東以南の西日本では秋から初冬に集中することが多い（図4-4）．また，同地域内でも，その年の気温変動によっては，幼虫発生期が前後し，患者発生もこれに連動する．秋田県の気象データを元にした年毎の患者発生開始日の検討結果によると，春の気温上昇や雪解けが早

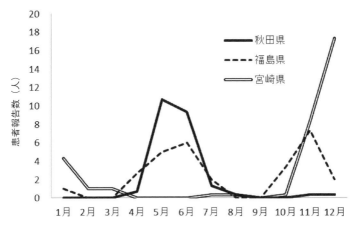

図 4-4 地域別のつつが虫病患者報告数（2012〜2014年の月平均人数；感染症発生動向調査事業年報）．冬の訪れが早い秋田県では春から初夏に，温暖な宮崎県では冬季に患者発生のピークが見られる．両県の特徴を合わせもつ福島県は患者発生のピークは初夏と初冬の2峰性を示す．

い年は患者発生開始も早く，それは雪解けからおおよそ3週間後であった（須藤 1991）．

おわりに

ヒトがつつが虫病を発病するのは，動物に吸着前の幼虫に遭遇し，身体に取りつかれ，それが運悪く病原体を保有していた場合という偶然の巡り合わせによるものである．しかし，毎年多くの患者報告の中に重症例，死亡例が含まれている事実は，「運が悪かった」ではすまされない．

以前，筆者がつつが虫病で入院治療した患者数名に聞いたところ，医師に告げられるまで「つつが虫病」を知らなかった，あるいは，知っていたが自分とは関係のない病気と思っていたという答えが返ってきた．つつが虫病は有効な治療薬がありながら，その存在を正しく知られていないことが不幸な偶然の積み重ねを後押ししているのかもしれない．重症者や犠牲者の発生を未然に防ぐために必要とされるのは，医療技術のみならず的確な情報と知識の普及である．それには，医療機関と公衆衛生行政の連携と効果的な情報発信が欠かせない．

参考文献

藤田博己（2015）国内における感染症媒介者としてのダニ類．生体の科学 66: 347-351.
Iida, T., K. Okubo and M. Ishimaru (1966) Immunofluorescence for seroepidemiological study of tsutsugamushi disease richettsia. *Jpn. J. Exp. Med.* 36: 435-337.
Kadosaka, T. (1996) Feeding behavior of trombiculid mites and Orientia tsutsugamushi–Histological investigations–. In *Rickettsiae and Rickettsial Diseases* (J. Kazar and R. Toman eds). Slovak Academy, Bratislava, pp. 85-90.
角坂照貴・金子清俊・森井 勇（1987）Deet およびムシペール 12 のフトゲツツガムシ幼虫に対する忌避，麻痺効果．薬理と治療 15: 5421-5426.
Kadosaka, T. and E. Kimura (2003) Electron microscopic observations of *Orientia tsutsugamushi* in salivary gland cells of naturally infected *Leptotrombidium pallidum* larvae during feeding. *Microbiol. Immunol.* 47: 727–733.
角坂照貴・金子清俊・木村英作（2012）ツツガムシ幼虫に対する数種薬剤の殺ダニ効力試験．衛生動物 63 (Suppl.): 82.
佐藤寛子・柴田ちひろ・秋野和華子・斎藤博之・齊藤志保子・門馬直太・東海林 彰・高橋 守・藤田博己・角坂照貴・高田伸弘・川端寛樹・安藤秀二（2016）秋田県雄物川流域におけるアカツツガムシ生息調査（2011 年〜2014 年）．衛生動物 67: 167-175.
佐藤政弘（2013）つつがむし病発生報道の重要性．秋田医報 1425: 21-22.
Seto J, Y. Suzuki, K. Otani, Y. Qiu, R. Nakao, C. Sugimoto and C. Abiko (2013) Proposed vector candidate: *Leptotrombidium palpale* for Shimokoshi type *Orientia tsutsugamushi*. *Microbiol. Immunol.* 57: 111-117.
須藤恒久（1983）我が国における最近のつつが虫病の現状と早期迅速診断法−特に免疫ペルオキシダーゼ反応による三型 IgG, IgM 抗体の完全同時測定法について−．臨床とウイルス 11: 23-30.
須藤恒久（1987）恙虫病の現状と早期診断・早期治療の重要性と方法．日本医事新報 3275.
須藤恒久（1991）新ツツガ虫病物語．無明舎出版，秋田．277 pp.
高橋 守（1990）フトゲツツガムシ *Leptotrombidium* (*Leptotrombidium*) *pallidum* におけるつつが虫病リケッチア *Rickettsia tsutsugamushi* の伝搬に関する研究．衛生動物 41: 389-403.
Takahashi, M. (1995) Behavior of trombiculid mites. In Tsutsugamushi *Disease* (A. Kawamura, H. Tanaka and A. Tamura eds.). University of Tokyo Press, Tokyo, pp. 200-214.
高橋 守・三角仁子（2007）日本産ツツガムシの種類と検索表．ダニと新興感染症（柳原保武監修，SADI 組織委員会編）．全国農村教育協会，東京，pp. 45-41, 277-294.
高田伸弘（1990）病原ダニ図譜．金芳堂，京都．216 pp.
高田伸弘・矢野泰弘・藤田博己・石畝 史（1994）福島県会津地方阿賀川流域のツツガムシ，特に 39 年ぶりに確認し得たアカツツガムシ．衛生動物 45 (Suppl.) : 200.
多村 憲（1999）恙虫病病原体 *Orientia tsutsugamushi* の微生物学．日本細菌学雑誌 54: 815-832.
浦上 弘・多村 憲（1996）恙虫病リケッチア *Orientia tsutsugamushi* と宿主ツツガムシとの共生関係について．日本細菌学雑誌 51: 497-511.

コラム3
節足動物媒介感染症の診断

松岡 裕之

　節足動物が伝播する疾病の原因となる病原体は，ウイルス，リケッチア，細菌，原虫など多岐に及ぶ．病原体はおもに節足動物の刺咬により皮膚に侵入するがその後，皮膚の中で白血球に取り込まれて増殖を始めるもの，皮膚から血管内へ侵入し血流に乗って標的臓器へ運ばれそこで増殖を始めるもの，など多彩な増え方をする．侵入を受けた宿主の方は，主として白血球が異物を捕え，外敵が侵入したことを察知する．その情報はリンパ球に伝えられ，病原体に対抗するための特異的抗体が準備される．特異的抗体がウイルスや細菌に結合すると，それを目印に白血球が貪食してくれるので効率よく病原体を駆逐できる．病原体の増殖よりも抗体の増え方の方が勝れば，病原体は抗体に押さえ込まれて死滅し病気は治癒する．一方，病原体が勝った場合，病気は長引くか，感染を受けたその人が死に至る．

　これらの感染症の診断には病原体そのものを見つけることが第一である．顕微鏡を使って特徴的な形態の原虫や細菌，スピロヘータを探す．ウイルスについては電子顕微鏡を用いて探す．病原体そのものではなく病原体を構成するタンパク質の破片や核酸の断片を探すという方法もとられる．第二の方法は上に記したように産生された抗体の有無を調べることである．病原体に対して産生される抗体は通常，その病原体に対してのみ反応する．その病原体に特異的に反応する抗体（特異的抗体）が産生されるのである．したがって，その特異的抗体が上昇しているかどうかを検査すれば，その病原体が侵入したかどうかを判定することができる．診断の要点は以上の2つである．

　病原体をみつけるにあたり，病原体がたくさん存在していれば，顕微鏡で覗いたとたんに診断がつけられる．しかし採取した検体の中に含まれる病原体が少ない場合，その病原体を培養して病原体の存在を確認する（分離）という方法が採られる．培養・分離には数日，長い場合は数か月を要することもある．

　病原体そのものではなく病原体を構成するタンパク質を検出する方法もある．あらかじめ病原体特異的なタンパク質に対するモノクローナル抗体を作成しておき，その抗体を使って病原体のタンパク質を挟み込んで捕え，抗原の存在を感知する．免疫クロマトグラフィー法（immuno-chromatographic test, ICT）と呼ばれる方法である．病原体に反応するICTキットを備えておけば，顕微鏡に慣れない

人でも，患者の血液が1滴あれば診断がつけられる．

さらに病原体のもっているDNAあるいはRNAを見つけるという方法も使われる．病原体のもつ遺伝情報のうち，その病原体に特異的なDNA（あるいはRNA）配列をあらかじめ調べておき，患者検体中にそのDNA（あるいはRNA）が含まれているかどうかを調べるというものである．DNA（あるいはRNA）の有無はポリメラーゼ連鎖反応（polymerase chain reaction, PCR）を用いて調べる．病原体特異的なDNAを急速に増幅させて，標的DNAが存在しているか否かを1～2時間のうちに判定する．なおPCRの原理は1980年代に米国の一研究者により発見された．ノーベル賞が与えられたこの発見は，DNAを扱うようになって2～3年しか経っていない「駆け出しの研究者」によって見つけられたのだ．科学世界における「コロンブスの卵」と称される発見であった．

病原体に対する特異的抗体を測定するためには，抗体と反応する抗原（多くは病原体そのもの）が必要である．デング熱でもジカウイルス感染症でも，そのウイルスを研究室に用意しておき，もち込まれた患者血液と反応させて，患者血液中にそのウイルスに対する特異的抗体があるかどうかを調べる．特異的抗体を調べられるよう，各検査機関にしかるべき抗原をきちんと配備しておかねばならない．頻度の高い病原体についてはすでに抗原が貼付けられたプレートが市販され

表1　節足動物（昆虫・ダニ）により伝播されるおもな感染症とその診断法

	節足動物の種類	疾病の名称	病原体の範疇	診断方法**				
				光学顕微鏡	病原体の分離	抗原の検出ICT	核酸の検出PCR	抗体検査ELISAほか
昆虫	蚊（シマカ亜属）	黄熱病	ウイルス	−	+	−	+	+
	蚊（シマカ亜属）	デング熱	ウイルス	−	+	++	+	++
	蚊（シマカ亜属）	チクングニア熱症	ウイルス	−	+	−	+	+
	蚊（シマカ亜属）	ジカウイルス感染症熱	ウイルス	−	+	−	+	+
	蚊（主にコガタアカイエカ）	日本脳炎	ウイルス	−	+	−	±	+
	蚊（ハマダラカ属）	マラリア	原虫	++	+	−	+	±
	蚊（アカイエカほか）	フィラリア症	線虫	+	−	++	+	+
	コロモジラミ	発疹チフス	リケッチア	±	±	−	+	+
	コロモジラミ	塹壕熱	細菌	±			+	+
	サシチョウバエ	リーシュマニア症	原虫	+	−		+	+
	ツェツェバエ	トリパノソーマ症	原虫	+	−		+	+
	サシガメ	シャーガス病	原虫	+			+	+
ダニ	マダニ	SFTS*	ウイルス	−	+	−	+	+
	マダニ	ツツガ虫病	リケッチア	±	±	−	+	++
	マダニ	日本紅斑熱	リケッチア	±	±	−	+	+
	マダニ	ライム病	スピロヘータ	±	+	−	+	+

* SFTS：重症熱性血小板減少症候群（severe fever with thrombocytopenia syndrome）．
** 診断方法　＋＋：極めて有効，＋：有効，±：条件次第，−：無効ないし不可

ている．必要に応じて患者血清をこのプレートに加えて反応をみれば，1〜2時間のうちに抗体の有無を検査できる．ELISA法（enzyme-linked immuno-sorbent assay：酵素免疫測定法とも呼ばれる）という検出法が広く使われている．節足動物により伝播される感染症のおもなものとその診断方法を表1にまとめたので参考にしてほしい．

　さて，病原体を見つける，病原体特異的抗体を見つけるといった作業を始める前に，じつはもっと重要な手続きがある．その患者の情報を集めることである．患者の血液などを調べるにあたり，どんな疾病を想定しているのか定まっていないと，検査は始められない．検査を指示する者（医師）は，検査技師に対して「これこれの疾患が疑われるからそれぞれの検査をして欲しい」と伝えなければならない．そのためにはおびただしい感染症の特徴を知っている必要があるが，本やパソコンに相談しつつ疾患を絞っていっても構わない．

　そのために第一に重要なのは問診と診察である．いつからどんな症状があるのか．どこへ行き，何を食べ，何を飲んだのか．どんな虫に刺されたのか．刺された皮膚の所見はどうか．家族・友人に似たような症状の人はいないか．このような情報を集めたうえで，感染症のリストから疑わしいものを選び出し，採血ほかをおこなって病原体またはその特異的抗体を見つけるための検査を始めるというのが手順である．

5章

ヌカカ媒介感染症
小さなヌカカが家畜にもたらす大きな被害

梁瀬 徹

はじめに

　多くの人にとって，ヌカカの説明を聞くのはひどくまどろっこしいらしい．「カ」と付くのだから，蚊の仲間のように思われている場合も多く，違いをわかってもらうためには，少々，時間と労力を要する．ヌカカは漢字では「糠蚊」と標記され，読んで字の如くきわめて小さい昆虫であり，肉眼で観察することは困難である．英語では，「biting midge（咬みつく小虫）」あるいは，「no-see-um（no see themの短縮形）」と呼ばれている．体長は，小さいもので1 mmにも満たず，おそらくは，もっとも小さな吸血昆虫の1つであろう（図5-1, 口絵12, 13）．ヌカカは，蚊と同じ双翅目Diptera（＝ハエ目）に属するが，蚊のように長い口吻や脚をもっておらず，全体的にずんぐりとした体型である．ヌカカは，ハエ目ヌカカ科Ceratopogonidaeに含まれる昆虫の総称であり，現時点で6,267種の現存種と283種の化石種が記載されている（Borkent 2005, 2016）．ヌカカ科は131属で構成されているが，意外なことにそのうち4属（*Culicoides*属，*Leptoconops*属，*Austroconops*属，*Forcipomyia*属）のみが脊椎動物から吸血する．脊椎動物から吸血しない種では，他の昆虫の体液を吸うものや，メスが同種のオスを交尾中に捕食するものもいる．また，*Culicoides*属には吸血したハマダラカ *Anopheles* sp. にとりついて，その腹部に満たされた血液を奪うちゃっかり者もいる（Ma et al. 2013）．

　吸血行動は雌のみにみられ，その卵巣の成熟に利用される．その一方で，基本的な活動エネルギーを得るために，雌雄とも植物から糖質を得ると考えられている．実際，ヌカカを飼育する際には，ショ糖やハ

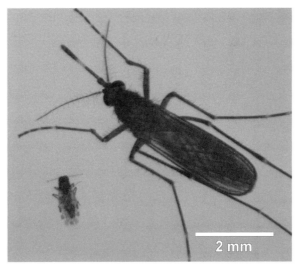

図 5-1 ウシヌカカ（左）とコガタアカイエカ（右）. 両者は，サイズも形態的な特徴に大きな違いがある.

チミツなどが用いられる. 人への吸血被害は，沿岸部や山間部でよく問題になる. スコットランドでは日常生活や観光産業に大きな影響を及ぼすことから，発生予察のための専用のウェブサイトが開設されているほどである. また，ヌカカによる吸血が繰り返されると，唾液に含まれる成分に対して激しいアレルギー反応を起こす場合があり，とくにウマでは皮膚炎が重症化することが知られている. 吸血性のヌカカのうち，*Culicoides* 属の種は多くの線虫，原虫，ウイルスを媒介することが知られており，それらの病原体のなかには人や動物に重い症状を引き起こすものがいる. この章では，疾病とヌカカの関わりについて論じることをおもな目的としているため，以下は *Culicoides* 属のヌカカに焦点を絞って話を進めていきたい.

　Culicoides 属のヌカカは，これまで 1,367 の現生種と 47 の化石種が記載されており，極地とニュージーランドを除く地域に広く分布している (Borkent 2005, 2016). *Culicoides* 属の一種である *C. paraensis* などによって媒介されるオロポーシェウイルスは，人に感染すると致死率は低いものの，インフルエンザ様の症状を引き起こすため，流行地の中南米では労働生産性に影響していることが指摘されている. また，

表 5-1 *Culicoides* 属のヌカカによって媒介される代表的な家畜疾病

疾病	病因	発症動物	症状	家伝法*	OIE***リスト	国内分布
アカバネ病	アカバネウイルス	ウシ,ヒツジ,ヤギ,スイギュウ	異常産,脳脊髄炎	届出		○
アイノウイルス感染症	アイノウイルス	ウシ,ヒツジ,ヤギ,スイギュウ	異常産	届出		○
チュウザン病	チュウザンウイルス	ウシ	異常産	届出		○
イバラキ病	イバラキウイルス**	ウシ	発熱,嚥下障害	届出		○
流行性出血病	流行性出血病ウイルス	ウシ,シカ	発熱,潰瘍形成,出血		○	○
ブルータング	ブルータングウイルス	ウシ,ヒツジ,ヤギ	発熱,潰瘍形成,異常産	届出	○	○
アフリカ馬疫	アフリカ馬疫ウイルス	ウマ,ロバ	発熱,浮腫,肺水腫 他	法定	○	
水胞性口炎	水胞性口炎ウイルス	ウシ,ウマなど	発熱,水疱形成,糜爛	法定		
ロイコチトゾーン症	ロイコチトゾーン原虫	ニワトリ	貧血,出血,産卵停止	届出		○

* 家畜伝染病予防法
** イバラキウイルスは流行性出血病ウイルス血清型2に分類される.
*** 国際獣疫事務局

Culicoides 属のヌカカは,いくつかの人のフィラリア症の媒介昆虫としても知られている.しかし,人に健康被害がでているのは一部の地域であり,世界的にはウシやヒツジ,ニワトリといった家畜や家禽において,*Culicoides* 属のヌカカによって媒介される疾病がしばしば猛威を振るい,多大な経済的な損失をもたらしている.

ヌカカによって媒介される家畜の疾病

Culicoides 属のヌカカによって媒介されるおもな家畜の疾病には,アルボウイルスと原虫が原因となるものがある(表5-1).まず,アルボウイルスとは,脊椎動物と節足動物(蚊,ダニ,ヌカカなど)の双方で増殖し,おもに吸血を介して節足動物によって伝播されるといった感染環をもったウイルスの総称である.ブルータング,アフリカ馬疫,流行性出血病は,国際的に感染が拡大し,家畜の生産に重大な影響を及ぼす疾病として,国際獣疫事務局(Office International des Epizooties, OIE)の作成したリストに含まれているが,これらの疾病の原因も *Culicoides* 属によって媒介されるアルボウイルスである(Mellor et al. 2000).OIEのリストに含まれている疾病が存在する国から,清浄国への家畜や畜産物の輸出にはさまざまな制限が課されるため,これらのアルボウイルス

感染症による貿易上の損失も大きい.

　日本国内では，*Culicoides*属が媒介するアルボウイルスにより，ウシやヒツジで流産，早産，死産，先天異常子の分娩（これらをまとめて，異常産と呼ぶ）が，たびたび流行している（梁瀬 2009）．先天異常をもって生まれた子ウシや子ヒツジは，中枢神経に大きな損傷を受けており，大脳が欠損している場合も多い．また，疾病によっては，骨格筋が正常に形成されないため，四肢や脊柱の彎曲などの体形異常がみられる．このような異常をもって生まれた子ウシや子ヒツジは，生存することができない．繁殖農家は黒毛和種などの価格の高い子ウシを生産して肥育農家に売って利益を得ているが，異常産が発生すると子ウシによって得られる収益だけでなく，人工受精にかかる手数料や母牛への餌代などがすべて損失となる．最近は，子ウシの価格が高騰し，黒毛和種では市場価格が80万円程度（2016年）となっているため，異常産が発生した際の被害額も大きくなる傾向にある．また，酪農家においても，異常産の発生により繁殖周期に乱れが生じることで搾乳ができなくなり，加えて，後継牛として期待される雌の子ウシや肥育農家に売却され食肉用になる雄の子ウシが失われることになる．日本では，アカバネウイルスやアイノウイルス，チュウザンウイルスが原因となる異常産（それぞれ，アカバネ病，アイノウイルス感染症，チュウザン病と呼ぶ）が繰り返し発生している．また，アカバネウイルスの株によっては，若齢牛に感染すると脳脊髄炎による四肢の麻痺などによる起立不能を起こす．また，発熱とともにウシの食道筋に損傷を与えて，水や食物の飲み込みに困難をきたす（嚥下障害という）イバラキ病も，ヌカカ媒介性のアルボウイルス（イバラキウイルス）が原因である．これまで国内では，前述した疾病の大きな流行が繰り返し発生している（表 5-2）．1959〜60 年には，4万頭を越えるウシでイバラキ病が発症し，そのうちの1割が斃死するか，もしくは回復の見込がないものとして処分されている．また，1972〜75 年のアカバネ病の流行では，42,000 頭以上のウシの異常産が発生した．

　このようにアルボウイルス感染症は，広範囲で流行し，多くの動物に被害を与えることから，ワクチンによる予防がおこなわれている．国内では，ウシ用のアルボウイルス感染症に対する各種ワクチンが開発され，2013 年の市場規模は5億円程度である（小林 2015）．毎年，繁殖用雌牛

表 5-2 ヌカカによって媒介されるウシのアルボウイルス感染症の国内でのおもな流行

発生年	原因	発生頭数	発生地域
1959-60	アカバネ病（血清疫学）	約 4,000（異常産）	九州,中国,四国,近畿,東海,北陸
	イバラキ病	43,793（嚥下障害）	九州,中国,四国,近畿,東海,関東
1972-75	アカバネ病	約 42,000（異常産）	九州,中国,四国,近畿,東海,関東,北陸,東北
1979-80	アカバネ病	約 3,800（異常産）	北関東
1985-86	アカバネ病	約 7,000（異常産）	東北
	チュウザン病	約 2,400（異常産）	九州
1987-88	イバラキ病	270（嚥下障害）	九州,中国,四国
1995-96	アイノウイルス感染症	700 以上（異常産）	九州,中国,四国,近畿
1997	流行性出血病	242（嚥下障害）約 1,000（死流産）	九州
1998-99	アカバネ病	1,085（異常産）	北海道を含む全国
	アイノウイルス感染症	148（異常産）	九州,中国,四国,近畿
2002-03	アイノウイルス感染症	約 90（異常産）	九州,中国,四国
2006-07	アカバネ病	180（脳脊髄炎）16（異常産）	九州,四国
2008-09	アカバネ病	200（異常産）14（脳脊髄炎）	九州,四国,中国,近畿,北陸
2010-11	アカバネ病	222（異常産）	東北
2011-12	アカバネ病	169（脳脊髄炎）	九州,中国,四国

には，ヌカカの発生量が増加する初夏前に，異常産を予防するワクチンを接種することが推奨されている．同時期に，イバラキ病のワクチン接種も，症状が重くなりやすい黒毛和種を中心におこなわれている．しかし，ワクチン接種には経費がかさむため，流行頻度の低い地域では接種率が低い場合もある．また，一般的に疾病が発生した直後は，ワクチン接種が積極的におこなわれるが，時間の経過とともに農家の関心が薄れ，接種率が徐々に低下する傾向にある．そのため，流行の規模は小さくなっても，疾病は周期的に発生すると考えられる．

一方，家禽ではおもにニワトリヌカカ C. arakawae が媒介するロイコチトゾーン原虫 Leucocytozoon caulleryi によるロイコチトゾーン病が，古くから問題になっていた（磯部 2014）．ヌカカの体内で形成された原虫のスポロゾイトは，吸血をおこなう際に唾液とともにニワトリに注入され，血管内皮細胞に侵入後，シゾントを形成する．シゾントは大きな塊を作るので，血管の破裂による出血の原因となる．また，最終的に赤

血球に寄生した原虫は,ガメトサイトを形成する過程で赤血球を破壊し,重度の貧血の原因となる.養鶏農家では雛（ひな）への投薬による発症予防や,定期的に殺虫剤を噴霧してヌカカの個体数を減らして感染の機会を減らす努力がおこなわれている.

ヌカカ体内での増殖を伴わない機械的な伝播によっても,疾病が媒介される場合がある.ニワトリの皮膚や粘膜に重度の発痘を起こす鶏痘ウイルスは,ニワトリヌカカの吸血行動を介して機械的に伝播される（Fukuda et al. 1979）.一般的に,牛白血病にみられるように,アブなどの大型の吸血昆虫により,機械的な伝播は起こりやすいと考えられるが,病巣部でのウイルス量や,吸血に飛来する個体数が多い場合は,ヌカカのような微小な吸血昆虫によっても伝播が起こりえる.

ヌカカ媒介疾病の伝播のしくみ

ヌカカには,種によって吸血嗜好性にバリエージョンがみられる.ウシの疾病を媒介するにはウシに対する,ニワトリの疾病を媒介するにはニワトリに対する吸血嗜好性をもつことが必要である.同じ地域の牛舎や鶏舎でヌカカを採集すると,まったく種類相が異なることが多い.また,同じ種でも鶏舎で採集された雌成虫の多くは吸血しているのに,牛舎ではまったく吸血していない場合や,その逆も度々みられる.たとえば,ウシヌカカ *C. oxystoma*（図5-2）はウシやブタからはよく吸血するが,鶏舎では少数の個体しか採集されず,かつ吸血個体もほとんどいない.一方,ニワトリヌカカは牛舎と鶏舎で採集されるが,牛舎で吸血個体がみられるのはきわめて稀である.それぞれの種の吸血意欲を刺激する要因については,まったくわかっていないが,おそらくは吸血源動物の体表の揮発成分の組成の違いが,吸血嗜好性に関わっているのであろう.

通常,媒介節足動物が疾病の伝播を可能にするためには,複数回の吸血が必要である.*Culicoides* 属のヌカカは,交尾後,吸血と産卵のサイクルを繰り返すことが知られている.吸血によって感染動物から取り込まれた病原体は,ヌカカの体内で増殖後,唾液腺へ移行し,再吸血時に唾液とともに感受性をもつ別の脊椎動物に注入され,感染が成立する.媒介能をもつまでの期間は,ヌカカや病原体の種類,気温によって影響を受けると考えられる.また,吸血によって取り込まれた病原体がヌカ

図5-2 A）ウシヌカカのオス（左）とメス（右）．オスは触角が発達してブラシ状になっていて，体は全体的に華奢である．B）メスの大顎の走査電子顕微鏡写真（原図：田中省吾博士）．メスは短い口吻に鋭い歯をもった顎をもち，皮膚を噛み切って吸血をおこなう．

　カの体内で増殖し，新しい宿主に伝播されるまでにはさまざまな障壁がある．まず，取り込まれた病原体は中腸に達して，中腸細胞に侵入し，増殖することが必要であり，限られたヌカカの種と病原体の組合せでのみ，この障壁が突破される．次に，体腔内で病原体の拡散と増殖，唾液腺への移行が起こらなければ，媒介能をもつに至らない．

　媒介種を特定するためには，ヌカカへの実験感染が必要であるが，実験室内で継代できる種類は限られており，そのため，ほとんどの種で媒介能の解明には至っていない．そこで，野外で採集したヌカカから病原体を分離あるいは検出し，媒介種を推定する方法が採られている（Yanase et al. 2005）．吸血したヌカカをそのまま用いると，血液に含まれるウイルスを直接検出してしまうため，数日間，飼育して血液を消化させ，ヌカカの体内で増殖したウイルスを分離する．分離をおこなう際は，ヌカカを磨り潰して乳剤にし，ハムスターやアフリカミドリザル，蚊に由来する培養細胞などに接種する．ウイルスは特定の種から選択的に分離される場合も多く，そのような種は有力な媒介種の候補となる．南日本においては，ウシヌカカから各種アルボウイルスが多数分離されることから，本種が主要な媒介種であると推定されている．一方，アフリカや地中海沿岸では *C. imicola* が，北米では *C. sonorensis*，オーストラリアではオーストラリアヌカカ *C. brevitarsis* がアルボウイルスを媒介する主要なヌカカと考えられている（Purse et al. 2015）．

ヌカカの発生源

　Culicoides 属のヌカカの幼虫は，透明で細長く，線虫に似た形態をもっているが，体節があることと頭部が褐色に着色していることで区別できる．ヌカカの幼虫の発生源は多岐におよび，前述のオーストラリアヌカカは牛糞を，*C. imicola* は堆肥をおもな幼虫の生育場所にしている．動物の糞は，多くのヌカカ類にとって格好の発生源となっており，アフリカではゾウを含む野生動物の糞を利用していることが報告されている（Meiswinkel et al. 2004）．一方，*C. sonorensis* は有機物が豊富な水溜まりなどで発生する．淡水や汽水域の泥からも，さまざまなヌカカの幼虫が採集される．干拓地や汽水湖などでは，イソヌカカ *C. circumscriptus*（口絵 12）がしばしば大量に発生し，釣り人や付近の住民を激しく襲うことがある．*Culicoide* 属の幼虫は，充分な湿気がある環境でなければ生育できないが，遊泳性をもつものともたないものがある．動物の糞や堆肥，腐った植物の中で生育する種の幼虫は，遊泳性をもたない場合が多い．一方，湿地に生育する種の幼虫は，シラスウナギのように長い体を左右に激しく揺らして，遊泳をおこなう．*Culicoides* 属のヌカカを実験室内で飼育することは困難である旨を述べたが，そのため，幼虫や蛹のステージについて，ほとんどの種で明らかになっていない．現時点では，幼虫の形態で種を見分けることが難しいため，採集した幼虫から DNA を抽出してポリメラーゼ連鎖反応（polymerase chain reaction, PCR）によってミトコンドリア遺伝子の一部を増幅し，配列を決定することにより種を同定する方法も開発されている（Yanase et al. 2013）．

　九州や沖縄で *Culicoides* 属の幼虫の生育場所を調査したところ，水田や休耕田の泥から 8 種類の幼虫を採集することができた（Yanase et al. 2013）．また，用水路や排水路，池や流れの緩やかな小川の縁などからも幼虫が見つかっている．このような場所で見つかる幼虫の多くは，ウシヌカカやニワトリヌカカといったアルボウイルスやロイコチトゾーン原虫を媒介する種類であり，牛舎や鶏舎の周辺に水田や湿地が広がるような場所では，疾病の発生リスクが高くなると考えられる．一方，放牧地に落下された牛糞からは，遊泳性をもたない 2 種の幼虫が採集されている．そのうちの *C. asiana*（標準和名なし）は九州や沖縄に広く分布し，アルボウイルスの伝播に関与していると考えられている．これまでのと

ころ，調査によって採集されたのはわずか10種の幼虫であり，国内に分布するとされる80種以上の一部でしかない．また，牛舎に大量に飛来する数種の発生源もわかっておらず，防除対策を進展させることができない原因の1つとなっている．

Culicoides 属の成虫の飛翔能力はそれほど高くなく，マーキングをしたヌカカを試験的に放った実験では，1日に数百m～2 km程しか移動しないことが明らかになっている（Elbers et al. 2015）．加えて，数日を経ても放された地点から，おそらくは5 kmほどしか離れないと考えられている．したがって，ヌカカの発生源は吸血源からそれほど遠くない場所にあることが推測される．ただ，発生源が多様かつ広大であるため，殺虫剤の散布などによる防除はほとんどおこなわれていない．

アルボウイルスは何処からやって来るのか？

温帯地域では，*Culicoides* 属のヌカカ成虫の活動時期は春から秋であり，幼虫の状態で越冬する．したがって，冬期には吸血をする雌成虫がいないため，アルボウイルスの伝播は起こらず，ウイルスは常在化しにくい．一方，熱帯や亜熱帯地域では，1年を通じてヌカカが活動できる気温が維持され，感染環が途切れることがないと考えられている．九州以北では，ヌカカの発生量が多くなる夏から秋にかけて，低緯度地域からウイルスに感染したヌカカが風によって運ばれることで，伝播が始まると推測されている．

ヌカカの飛翔能力は前述のとおり小さいが，大気中を漂い，気流によって長距離（数百～1,000 km以上）を運ばれる例が報告されている（Elbers et al. 2015）．ヌカカが「空中を漂うプランクトン（air plankton）」と表現される所以である．国内には，下層ジェット気流と呼ばれる比較的低空を流れる暖かく湿った強風によって，中国やさらに低緯度の地域から，ウンカ類などの多くの農業害虫が運ばれてくることがわかっている（大塚 2012）．下層ジェット気流は梅雨前線の南側に発達することが多く，そのような気象条件のときに，ウンカ類などに交じってウシヌカカが東シナ海上で捕集されている（林ら 1979）．後述するように，日本国内ではアルボウイルスに対する監視をおこなっているが，九州以北では梅雨期以前にウイルスの感染が広がった例はほとんど

認められていない．日本国内で，アルボウイルス感染症の発生時に，気象データを基に流跡線解析という手法で大気の移動を遡っていくと，72時間以内に中国や東南アジアから発生地に気流が到達している事例もあった（早山 2015）．現在のところ，日本の周辺地域でのアルボウイルス感染症の流行状況は公表されていないため，正確な飛来源を知ることはできないが，気象学的な解析手法を用いて，将来的には国内でのアルボウイルス感染症の発生予察ができるようになるかもしれない．

家畜のアルボウイルス感染症の流行状況の監視

　日本国内では家畜伝染病予防法の規定により，ウシやヒツジで症状を示す5つのヌカカ媒介アルボウイルス感染症（アカバネ病，アイノウイルス感染症，チュウザン病，イバラキ病，ブルータング）の発生を届け出る必要がある．これらの疾病の発生状況は，農林水産省によって統計データとして取りまとめられており，年ごとの変動を知ることができる．また，前年の夏（アルボウイルスの伝播時期）を経験していない子ウシのおとり(囮)牛から，6～11月にかけて1～2か月間隔で採血し，得られた血清を用いて各種アルボウイルスの感染履歴（抗体の陽転）が調査されている（早山 2015）．おとり牛は各都道府県に50～60頭程度配置されており，全国ではその数は約3,000頭に及ぶ．多くの場合，アルボウイルスの感染は，最初に九州や山陰地方で始まり，その後，感染地域は徐々に広がっていき，東北や北海道にまで及ぶ場合がある（図5-3）．

　国外に目を転じると，オーストラリアでは National Arbovirus Monitoring Program（NAMP）を実施し，100か所以上の農場で，ブルータングウイルスやアカバネウイルス，牛流行熱ウイルスの感染状況を定期的にモニタリングしており，併せてライトトラップを設置して主要な媒介種であるオーストラリアヌカカの分布を調べている．畜産国であるオーストラリアでは，輸出促進のため，積極的に科学的な情報を公表し安全性を担保することにより，輸出先の信用を得る努力をしている．一方，*Culicoides* 属のヌカカが分布しないニュージーランドでは，毎年，17か所の農場でブルータングウイルスやヌカカが分布しないことを証明している．

図 5-3 おとり（囮）牛のアカバネウイルスに対する抗体の陽転時期（1998 年）．陽転は西日本から始まり，関東や東北に広がっていった．

ヌカカおよびヌカカ媒介疾病についての課題

　これまで多くの種が記載されてきた *Culicoides* 属であるが，今，その分類について見直すべき点があることが分かってきた．最近，ミトコンドリア遺伝子やリボゾーム DNA 遺伝子などの塩基配列によって，種の間の系統関係を明らかにすることが，多くの生物でおこなわれている（コラム 5 参照）．*Culicoides* 属も例外ではなく，遺伝子を用いた系統解析についての多くの研究報告がみられるようになった．その中で，形態的にはほとんど差がみられないが遺伝学的には異なる隠蔽種が存在することが明らかになってきた．たとえば，最近まで，沖縄や九州にはオーストラリアヌカカが分布すると考えられていたが，オーストラリアで採集された個体とミトコンドリア遺伝子の塩基配列を比較した結果，一定以上の違いが認められたことから，別種として新たに *C. asiana* と命名

された（Gopurenko et al. 2015）．*C. asiana* は形態だけでなく，ウシに対して吸血嗜好性があり，牛糞を発生源とするため，これまで両者の違いに気づくことはなかった．さらに，同種とされている個体のミトコンドリア遺伝子の塩基配列が，国内と欧州のもので大きく異なる例も見受けられる．今後，さらに多くの隠蔽種の存在が示唆されると予測されるが，種分類についての明確な基準の設定と，形態，遺伝子，生態の3つの情報をリンクさせて，再度，慎重に整理をおこなう必要がある．

　欧州北部で2006〜2010年の間に約9万件のブルータングの発生があり，高緯度地域でアルボウイルス感染症の流行は起こらないという常識を覆した（Wilson and Mellor 2009）．主要な媒介種とされる *C. imicola* は，地中海沿岸部にしか分布しないため，流行当時，欧州に広く分布する *C. obsoletus* や *C. pulicaris* などの在来のヌカカがウイルスの伝播を担ったことが報告されている．このことは，高緯度地域に分布する *Culicoides* 属も潜在的にアルボウイルスの媒介能をもっていることを示唆している．2011年には同じく欧州北部で，アカバネウイルスと近縁のシュマレンベルクウイルスが突如出現し，2013年までの間に異常産の大規模な流行（1万件以上）を引き起こした（Afonso et al. 2014）．この時も，同様に欧州在来の *Culicoides* 属によってウイルスが伝播されたことがわかっている．

　欧州北部に突然アルボウイルスが出現し，数年間，流行が続いた理由については多くの考察があるが，これまでのところ，はっきりとした答えは得られていない．そのようななかで，ウイルスは，流行地で航空貨物に紛れ込んだ感染ヌカカによってもち込まれたとの説が有力である．近年の国際的な物流の増大により，媒介節足動物や感受性の脊椎動物とともに，ウイルスが侵入するリスクも高くなってきていると考えられている．さらに，数年に渡る流行については，ウイルスに感染したヌカカ成虫の越冬の可能性が示唆されている．高緯度地域でも，畜舎の中などの比較的寒さをしのぎやすい条件では，ヌカカの成虫は越冬が可能であり，春になって活動を再開し，ウイルスを伝播すると考えられている．いずれの説についても確証は得られていないが，既知のものとは異なるメカニズムが存在することを考慮しなければならない．

　国内でも2000年前後を境に，日本新規のヌカカ媒介アルボウイルスの侵入がしばしば確認されるようになり，ウシの異常産との関連が示唆

されている.これらのウイルスの中には,欧州で猛威を振るったシュマレンベルクウイルスと近縁のウイルスも含まれている(Yanase et al. 2012).アカバネ病などと違って,これらのウイルスに対するワクチンは開発されていないため,予防をおこなうことはできない.家畜は経済動物であることから,費用対効果を見極めながら,ワクチンの開発・普及をおこなっていく必要がある.

ヒトスジシマカ *Aedes albopictus*(口絵2)とデング熱の関係に見られるように,特定の媒介節足動物の分布の拡大が疾病の発生リスクと直接リンクすることが多い.ところが,*Culicoides* 属のヌカカでは,高緯度地域に分布する在来種が,潜在的に媒介能をもつ可能性も考慮しなければならない.地球温暖化は,とくに高緯度地域でヌカカの成虫の活動を長期化させると考えられる.また,温度の上昇によりヌカカの代謝が高まり,それを利用するウイルスの増殖も速くなり,結果として媒介能を獲得するまでの時間が短くなることが予測される(Purse et al. 2015).さらに,ヌカカが周年活動できる地域や成虫の越冬が可能な地域が拡大し,病原体の常在化が起こりやすくなるであろう.

繰り返しになるが,*Culicoides* 属のヌカカは微小である.しかし,ヌカカがさまざまな疾病の媒介者として,家畜の生産に与える影響はけっして小さくない.ところが,ヌカカ媒介性のアルボウイルス感染症や原虫病も,一般に顧みられることの少ない疾病であり,調査がおこなわれていない発展途上国では,それらの流行の実態は不明である.解決すべき課題は少なくないが,ヌカカやヌカカ媒介疾病への対策をおこなうことは,家畜の損耗を防ぎ,生産性を向上させることから,今後の研究の進展が大いに期待されている.

参考文献

Afonso, A., J.C. Abrahantes, F. Conraths, A. Veldhuis, A. Elbers, H. Roberts, Y. Van der Stade, E. Meroc, K. Gache and J. Richardson (2014) The Schmallenberg virus epidemic in Europe — 2011-2013. *Prev. Vet. Med.* 116: 391-403.

Borkent, A. (2005) The biting midges, the Ceratopogonidae (Diptera). In *Biology of Diseases Vectors* (W.C. Marquardt ed.), Elsevier, Amsterdam, pp.113-126.

Borkent, A. (2016) Numbers of Extant and Fossil Species of Ceratopogonidae July 6, 2016. http://wwx.inhs.illinois.edu/files/4014/6785/5847/WorldCatalogtaxa.pdf

Elbers, A.R., C.J. Koenraadt and R. Meiswinkel (2015) Mosquitoes and *Culicoides* biting midges:

vector range and the influence of climate change. *Rev. Sci. Tech. off. Int. Epiz.* 34: 123-137.

Fukuda, T., T. Goto, S. Kitaoka, S. K. Fujisaki and H. Takamatsu (1979) Experimental transmission of fowl pox by *Culicoides arakawae*. *Natl. Inst. Anim. Health Q. (Tokyo)* 19: 104-105.

Gopurenko, D., G.A. Bellis, T. Yanase, A.H. Wardhana, A. Thepparat, J. Wang, D. Cai and A. Mitchell (2015) Integrative taxonomy to investigate species boundaries within *Culicoides* (Diptera: Ceratopogonidae): a case study using subgenus *Avaritia* from Australasia and Eastern Asia. *Vet. Ital.* 51: 345-378.

林 薫・鈴木 博・牧野芳夫・朝比奈正二郎（1979）東支那海における海上飛来昆虫の3年間（1976年〜1978年）の調査成績．熱帯医学 21: 1-10.

早山陽子（2015）牛のアルボウイルス感染症の流行監視と疫学．JATAFFジャーナル 3: 16-22.

磯部 尚（2014）鶏のロイコチトゾーン病．動物の感染症（第3版）（明石博臣・大橋和彦・小沼操ら編）．近代出版，東京，pp. 228-229.

小林貴彦（2015）牛アルボウイルス感染症に対するワクチンの開発事例．JATAFFジャーナル 3: 28-33.

Ma, Y., J. Xu, Z. Yang, X. Wang, Z. Lin, W. Zhao, Y. Wang, X. Li and H. Shi (2013) A video clip of the biting midge *Culicoides anophelis* ingesting blood from an engorged *Anopheles* mosquito in Hainan, China. *Parasit. Vectors* 6: 326.

Meiswinkel, R., G.J. Venter and E.M. Nevill (2004) Vectors: *Culicoides* spp. In *Infectious Diseases of Livestock*. 2nd ed. (J. Coetzer and R.C. Tustin, eds.), Oxford University Press, Southern Africa, Amsterdam, pp. 113-126.

Mellor, P.S., J. Boorman and M. Baylis (2000) *Culicoides* biting midges: their role as arbovirus vectors. *Annu. Rev. Entomol.* 45:307-340.

大塚 彰（2012）海を飛び越えるウンカたち．科学 82: 901-905.

Purse, B.V., S. Carpenter, G.J. Venter, G. Bellis and B.A. Mullens (2015) Bionomics of temperate and tropical *Culicoides* midges: knowledge gaps and consequences for transmission of *Culicoides*-borne viruses. *Annu. Rev. Entomol.* 60: 373-392.

Wilson, A.J. and P.S. Mellor (2009) Bluetongue in Europe: past, present and future. *Philos. Trans. R. Soc. Lond. B Biol. Sci.* 364: 2669-2681.

梁瀬 徹（2009）ヌカカが媒介する家畜のアルボウイルス．衛生動物 60: 195-212.

Yanase, T., T. Kato, M. Aizawa, Y. Shuto, H. Shirafuji, M. Yamakawa and T. Tsuda (2012) Genetic reassortment between Sathuperi and Shamonda viruses of the genus *Orthobunyavirus* in nature: implications for their genetic relationship to Schmallenberg virus. *Arch. Virol.* 157: 1611-1616.

Yanase, T., T. Kato, T. Kubo, K. Yoshida, S. Ohashi, M. Yamakawa, Y. Miura and T. Tsuda (2005) Isolation of bovine arboviruses from *Culicoides* biting midges (Diptera: Ceratopogonidae) in southern Japan: 1985-2002. *J. Med. Entomol.* 42: 63-67.

Yanase, T., Y. Matsumoto, Y. Matsumori, M. Aizawa, M. Hirata, T. Kato, H. Shuto, H. Shirafuji, M. Yamakawa, T. Tsuda and H. Noda (2013) Molecular identification of field-collected *Culicoides* larvae in the southern part of Japan. *J. Med. Entomol.* 50: 1105-1110.

6章
ハエが関わる感染症

小林 睦生

はじめに

　昆虫が病原体をヒトや動物に移す方法を媒介と伝播（でんぱ）の2つに分けることができる．一般に，媒介は，病原体が昆虫体内で増殖または発育することが条件の生物学的伝播を指し，伝播は昆虫が病原体を体表に付着させ，または消化管に取り込まれた病原体をそのまま食品やヒトを含む動物の口の周りに運んで汚染する感染経路を意味する．媒介には，大きく分けて3つの様式が知られている．1番目は，蚊，サシチョウバエ，ヌカカなどが，吸血によって感染者や感染動物から病原体を体内に取り込み，それらが昆虫の体内で増殖や発育をし，2回目，3回目の吸血時に唾液とともに別の個体に病原体をうつす様式である．2番目は，サシガメ類やコロモジラミなどが感染者や感染動物から病原体を取り込み，体内で増殖した病原体が最終的に媒介昆虫の糞とともに皮膚上に排泄され，吸血されたヒトが掻くことによって皮膚の小さな傷からすり込まれて感染する様式である．3番目は，媒介昆虫の体内で発育した線虫の感染幼虫が自力で媒介昆虫の口吻から脱出し，ヒトの皮膚の小さな傷から侵入する様式である．このように，昆虫の媒介による病原体の感染経路は，(1)病原体が唾液とともに直接体内に注入される感染経路，(2)糞といっしょに排泄された病原体が皮膚から侵入する経路，(3)感染幼虫が自力で皮膚から侵入する経路の3つに分けることができる．これら3つの感染経路は増殖や発育を伴う現象で，「生物学的伝播」または「媒介」と言われている．病原体を媒介する昆虫類は生物学的な媒介者となることが多い．さらに4つ目の感染経路として，媒介昆虫の体内では病原体の増殖や発育が顕著には起こらないが，取り込んだ病原体を機械的に食

品や未感染の動物やヒトに運ぶ伝播すなわち「機械的伝播」がハエやゴキブリでよく知られている（小林 1998）．

細菌感染症の運び屋としてのハエ

　赤痢(せきり)は開発途上国においては流行が起こりやすい，重要な消化器感染症である．ワクチンは存在せず，抗菌薬が効かない菌（薬剤耐性菌）が出現し，世界的な問題となっている．感染はおもに菌が糞便からヒトの口に直接運ばれる「糞口(ふんこう)感染」の様式で起こり，食品や水の汚染が直接の原因となることは少ないと考えられている．赤痢は世界的な公衆衛生上の大きな問題で，全世界で毎年1億6千万人以上の患者が発生しており（Kotloff et al. 1999），その99％の患者は開発途上国から報告されている．おもな症状として，下痢，腹部の痙攣(けいれん)，結腸上皮細胞の感染が関係した頻回の便意をともなう膿粘血便(のうねんけつべん)が知られている．毎年100万人以上が赤痢の感染で亡くなっており，その約60％が5歳以下の乳幼児である．こうした世界的に重要な消化器感染症の流行にハエが関与していることは古くから指摘されていた．

　わが国には，イエバエ科，クロバエ科，ニクバエ科を合わせて300種ほどのハエが生息しているが，その中には，成虫が腐肉，糞便，その他の排泄物などから栄養分や水分を摂取する種類がいることが知られている．これらのハエ成虫は消化器感染症の原因となる細菌類などを大量に含んだ餌の表面にとまり，それらをなめて消化管にとり込む．その後，別の場所に移動し，食卓や食品工場の露出した食品類に摂食のためにとまり，これらの食品を体表または排泄物由来の細菌類で汚染する．

　昆虫類の口の構造は種類によって大きく異なっている．トンボやゴキブリなどは，餌を咀嚼(そしゃく)して取り込むために発達した大顎(おおあご)をもっており，蚊，シラミ，セミ，サシガメは，血液，樹液，果汁などを取り込むのに適した口吻(こうふん)を備えている．一方，ハエの多くは，餌の表面の液体をなめながら取り込むのに適した口の形をしており，固形の餌を摂食する場合には，水分を溜める袋様の嗉嚢(そのう)から水分を出して液状にしながら餌を取り込む（図6-1）．その結果，このような摂食行動をおこなうハエ類は，餌の上にとまって摂食する時間が長く，摂食途中に食品上に排泄することが観察される．Sasakiら（2000）の観察によると，卵巣が発育途中の

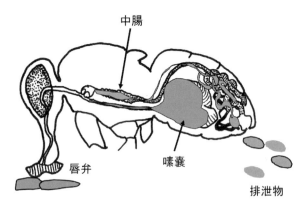

図6-1　イエバエの内部構造と排泄.

　イエバエ *Musca domestica*（口絵14）の雌では，6.5分に1回の頻度で排泄し，20分間ほど食品上で摂食を続けると，3〜4回は食品上に排泄することが明らかとなった．さらに，汚染された食品上で体表や脚の先端に病原菌を付着させたハエは，その後，別の食品に移動して摂食するときに，その食品を汚染する可能性がある．排泄頻度から考えると，とくに問題なことは，食品上にハエが排泄物をまき散らす際にハエの消化管内の病原菌も同時にまき散らすことである（Sasaki et al. 2000）．このように，ハエはさまざまな病原体の機械的運び屋の役割を果たしている．次に実際に起きた事例を挙げてみる．

日本での事例

　2006年に佐賀県のある小さな保育園で10名ほどの腸管出血性大腸菌O157:H7（*Escherichia coli* O157:H7；以下 O157:H7）感染者が発生した．この保育園のすぐ前に300頭規模の肥育牛の牛舎が存在し，日頃からハエが園舎内に多数入ってきて困っていたという．保健所の拭き取り調査の結果，ハエが多数室内の壁にとまっていたことから，ある職員がハエを調べるために叩き潰して持ち帰った．その結果，ハエからひじょうに大量のO157:H7が検出された．この調査が発端となり，全国規模で，屠殺場と牛舎で採集されたイエバエからO157:H7の分離を試みる調査がおこなわれた．その結果，O157:H7を保有するイエバエは沖縄県か

ら北海道まで広く認められ，調査した210か所のうち15か所（7.2％）で，調査全体で捕集された4,161匹のイエバエのうち23匹（0.55％）からO157:H7が検出または分離された（安居院 1998）．

　実際，私たちの身の回りにふつうに生息しているイエバエからは100種を超える病原体や寄生虫の卵，原虫類の嚢子などが検出されており，排泄物を介してそれらがヒトや動物に病気をうつす可能性が指摘されている．たとえばポリオや肝炎などのウイルス，コレラ，サルモネラ，赤痢，病原性大腸菌，ジフテリア，癩，結核などの細菌類，蛔虫，鞭虫，鉤虫などの寄生虫の卵，赤痢アメーバや大腸アメーバの嚢子などが知られている．一般に，ハエの脚の先端部や口器の末端は微小な棘や剛毛で覆われており，この構造が微生物などを機械的に付着させやすいと考えられている．ハエが体表に付着させた病原体を直接ヒトに感染させる可能性は低いが，種々の食物上を歩き回ることによって細菌類がばらまかれ，温度，水分，栄養等の条件が適当であれば食品上で容易に増殖し，それが食中毒の原因になる可能性は高い．また，病原体が多量に含まれている糞便などを摂食したハエが，その後別の食物上で排泄した場合にも，ハエの消化管で生きた状態で存在していた病原体が食中毒の原因となる可能性も考えられる．これら病原体の伝播はハエの体内での菌の増殖を伴わない機械的伝播であると考えられていた．しかし，最近の私たちの研究で，イエバエにO157:H7を混ぜた肉汁を摂食させ，24時間後にハエの口の先端部分にある唇弁を走査型電子顕微鏡で観察したところ，唇弁内の液体が流れる狭い溝状の空間（擬気管）にびっしりと大腸菌が詰まっており，その空間で活発にO157:H7が増殖していることが明らかとなった（Kobayashi et al. 1999）（図6-2）．また，大腸菌を取り込んだイエバエは，摂食後3日間ほど菌を排泄物中に出し続けることが明らかになり，イエバエが単純な機会的伝播者ではないことが推察された（Kobayashi et al. 1999）．

　一方，イエバエとほぼ同じような牛舎の環境で発生するサシバエ *Stomoxys calcitrans* からはO157:H7は分離されておらず，検出された少数の大腸菌類からも病気を引き起こす毒素産生遺伝子は検出されなかった（Puri-Giri et al. 2016）．これは，吸血性であるサシバエ成虫の餌の種類がイエバエ成虫と明らかに異なることと関係している．

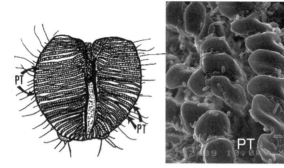

図6-2 ハエの口器（唇弁；左）の擬気管(pseudotrachea, PT)にびっしり付着し，分裂している腸管出血性大腸菌 O157:H7（摂食後24時間）.

海外での事例

バングラデシュのマトラブでは，1～4歳の乳幼児の赤痢 (*Shigella dysenteriae* type 1) の罹患率が1～33％と高く，死亡率は1～7％に達している．1988年赤痢で入院していた乳幼児970人の死亡率は11％であり，多くの症例で栄養失調との関連が報告されている（Bennish and Wojtyniak 1991）．トイレが普及していない，または，解放された便槽が一般的である開発途上国では，イエバエはヒトの排泄物との接触頻度が高く，採集されたイエバエから赤痢菌が分離されることが多い．ヒトへの赤痢菌の感染は10～100個程度で起こると考えられており，食品や食器にばらまかれた赤痢菌による汚染が感染を引き起こす可能性は高い．また，1940年代に有機塩素系の殺虫剤であるDDTなどが利用可能になったが，米国での疫学調査では，殺虫剤による防除がハエの生息数，赤痢の患者数，赤痢による死亡症例数を有意に低下させたことが指摘され（Levine and Levine 1991, Cohen et al. 1991），赤痢菌の運び屋としてのハエの関与が強く示唆された．

バングラディッシュのある病院の手術室と周辺の住宅地で採集されたイエバエから種々の病原体を検出した結果，手術室で採集したイエバエにおいて3種類の病原細菌の分離率が明らかに高い傾向が認められたが，寄生虫卵や原虫囊子の検出率には採集場所による差は認められなかった．先進国の病院の手術室でハエが飛び回っていることは考えづらいが，開発途上国での病院では，衛生対策が遅れており，ハエが病原体を

運んでいる可能性が考えられる．赤痢の高侵淫地であるバングラデシュのある都市において，赤痢菌が原因の5歳以下の子どもの下痢症の発生にイエバエの防除がどの程度影響するかを調べた報告がある．それによると，イエバエの春の発生ピークの1～3か月後に赤痢患者発生のピークがくることが明らかになり，その時期に集中的にイエバエの防除をおこなったところ，赤痢の患者発生数を37％減少させることができたという（Faraq et al. 2013）．

　イランの屠殺場や病院施設で採集したイエバエから病原性のカビの分離を試みたところ，イエバエ908匹のうち66％にアスペルギルス属 *Aspergillus* が，14％にペニシリウム属 *Penecillium* が検出され，ヒトに皮膚炎を起こす石膏状小胞子 *Mirosporum gypseum* が8.6％のハエから検出された（Davari et al. 2012）．イエバエ類は，ヒトの露出した皮膚，口や目の周りにとまり，汗などをなめとる行動が知られている．この過程でカビなどが皮膚に付着する可能性が考えられる．

　リビアのミスラータ市の病院，道路，食肉処理場などの異なる環境で採集されたイエバエから，高率に大腸菌，肺炎の原因菌であるクレブシェーラ *Klebsiella* などの細菌が検出された．これらの分離された菌の薬剤耐性を調べたところ，シュードモナス *Pseudomonas* に多剤耐性が認められ，50％以上の菌が10種以上の抗生物質に耐性を示した．また，病院で採集されたイエバエから分離された腸内細菌類は，その他の環境で分離された菌より高い薬剤耐性を示した．黄色ブドウ球菌 *Staphylococcus aureus* には抗生物質であるメチシリン耐性が認められた．これらの結果から，病院の環境において，イエバエが多剤耐性菌の運び屋としてある程度の役割をはたしていることが強く示唆された（Rahuma et al. 2005）．一般的に，牛舎，豚舎，鶏舎で使用されている抗生物質が薬剤耐性菌の出現を容易にし，これらが食品の流通経路に沿って広範に運ばれていると考えられており，畜産施設で発生するハエが耐性菌の運搬に貢献している可能性がある．

ウイルス感染症の運び屋としてのハエ

　日本では2003～2004年に高病原性鳥インフルエンザ（highly pathogenic avian influenza, HPAI）が流行し，多数のニワトリが殺処分

された．処分されたニワトリは，鶏舎周辺の地中に埋められ，その地域のニワトリや卵の市場への移動が禁止された．2004年3月に京都府丹波町の10万羽規模の養鶏場でHPAIが発生し，原因ウイルスはA型のH5N1亜型インフルエンザと同定された．ほぼ同じ時期に，4 km離れた別の鶏舎においても，同じウイルス型のHPAIが発生し，ウイルスがハエによって運ばれた可能性が示唆された．そこで，国立感染症研究所昆虫医科学部は1例目の鶏舎で鶏の殺処分がおこなわれている最中に，鶏舎周辺でハエを採集して種類と生息密度を調査し，採集されたハエからウイルスの検出を試みた．早春にもかかわらず，オオクロバエ *Calliphora nigribarbis* とケブカクロバエ *Aldrichina grahami* など冬季に鶏舎や牛舎で発生するハエ類が多数捕集された．興味深いことに，鶏舎に近い調査地点ほど一定時間当たりの採集数は多く，鶏舎からでる廃棄物に多数のクロバエ類が発生していることが想像された．しかし，鶏舎から500 mほどのところに立ち入り禁止の非常線が張られており，それ以上近づいての調査ができなかったため，鶏舎から600〜2,000 mの6地点で腐敗した魚のあら（内臓）を誘因源（餌）として，ハエを捕虫網を用いて採集した．その結果，鶏舎から2 km以上離れた地点では1時間当たりの採集数は20〜26匹であったが，700 mで58匹，600 mで134匹と鶏舎に近づくほど採集数が多くなる傾向が認められた（Sawabe et al. 2006）．採集されたオオクロバエとケブカクロバエの20〜30％の消化管や嗉嚢からH5亜型のウイルス遺伝子が検出され，発育鶏卵接種によりウイルス分離を試みた結果，ハエ由来のサンプルからHPAIのウイルスが分離された（Sawabe et al 2006, 2009）．最初のHPAI発生鶏舎では，石灰を敷地内に大量に撒き，殺処分をしていたが，すでにハエは周辺に大量に分散移動し，鶏舎間を移動するハエが消化管にウイルスを含む排泄物を取り込んで，ウイルスを運んだ可能性が考えられた．実際，オオクロバエに実験的に取り込ませた低病原性鳥インフルエンザ（low pathogenic avian influenza, LPAI）ウイルスがどのくらいの間ハエの体内で生きた状態で存在するかを調べたところ，少なくとも24時間は生きていることが明らかになり，移動後近隣の鶏舎でクロバエがニワトリに捕食された場合に，インフルエンザウイルスの感染が起こる可能性が強く示唆された（Sawabe et al. 2009）．

海外の研究グループが，イエバエに実験的にHPAI H5N1亜型ウイル

スを感染させ経時的にイエバエからウイルスの検出を試みたところ，時間経過とともにウイルスの検出率は下がるものの96時間後までウイルスが検出され，鶏舎内にいるイエバエがウイルスを機会的に伝播する可能性が強く示唆された．HPAI以外にも，鶏舎から病原性の低いLPAIウイルスが検出されることがある．このウイルスは野鳥から検出されることが知られているが，野鳥から鶏舎へのウイルスの移動方法は明らかになっていない．スズメなどがウイルスを鶏舎に運ぶ可能性が当初指摘されていたが，スズメなどが積極的にカモ類の糞を摂食するとは考えられない．また，鶏舎の窓や出入口には鳥類の鶏舎内への侵入を防ぐ目的で，比較的目の細かい防鳥ネットが張られていることが多いが，ネットを設置した鶏舎においてもHPAIが発生したケースが知れており，ウイルスがどのように鶏舎にもち込まれたかわかっていない．近年，ネズミ類がウイルスを運ぶ可能性が指摘されており，鶏舎の近くに存在する池や用水路に飛来したカモ類の排泄物がネズミによって何らかの方法で運ばれたとの推測がされている．一方，狭い隙間や防鳥ネットを通過でき，排泄物を好んで摂食するクロバエ類が，カモ類の糞を摂食し，鶏舎にウイルスを運ぶ可能性の方が，より説得力があるとの意見もある．さらに，イエバエに濃度の異なるLPAIウイルスを摂食させ，24時間まで経時的にウイルスの検出を試みたところ，温度が高い場合にウイルスの検出率が下がり，摂食ウイルス量が多い場合にハエがウイルスを保持する傾向が高いことが明らかになった（Nielsen et al. 2011）．

最近，ブタに水泡性の病変と新生子ブタの死亡に関係が認められているセネカウイルスがイエバエから検出され，ウイルスが豚舎内で伝染拡大する過程でイエバエが関与していると推察されている（Joshi et al. 2016）．30年ほど前から，パルボウイルス感染がイヌの重要な病気として知られているが，ハエがこのウイルス病の流行に関わっている可能性は当時から示唆されていた．米国サウスカロライナ州のイヌが飼育されている施設で，イエバエ，ニクバエ，クロバエ類を定期的にトラップで採集し，パルボウイルスの遺伝子検出をおこなった．その結果，解放された犬舎ではハエ類の数が多く，ウイルス陽性のハエも多かった．

以上のように，ハエ類がウイルスを感染動物から取り込み，伝播する可能性がいろいろなウイルス病で指摘されており，今後，より広範な調査が必要と考えられる．

昆虫が病原体を機械的に運ぶしくみ

ハエ以外に病原体を機械的に伝播する昆虫としてゴキブリが知られている（小林 2000）．屋内に発生するゴキブリはヒトの生活に密接に関係しており，ひじょうに雑多な有機物を餌としている．台所，家屋の周辺の下水溝，便所，排水溝などをすみ家とし，ヒトの排泄物由来の病原体を台所や食卓へもち込む重要な運び屋である．ベルギーの病院の小児科病棟で発生した食中毒では，チャバネゴキブリ *Blattela germanica*（口絵 19）から原因菌が分離されている．実験的に大腸菌をトウヨウゴキブリ *Blatta orientalis* に摂取させたところ，20 日間菌を排出し続けたとの報告もある．ゴキブリが食中毒の原因となる理由は，汚物と食品とを行き来する行動に深く関係しており，開発途上国などでは水洗トイレが普及していないことが関わっている．ハエと病原体との関係においても，ハエが養鶏場，豚舎，牛舎などの施設にある排泄物を積極的に摂食し，それらに含まれている病原体を消化管に取り込み，近くの一般家屋や食品施設に移動後，排泄物を介して飼料，食品などを汚染して感染を広げることが指摘されている．ハエは家畜から家畜へ，家畜からヒトへの病原体の伝播に関わるが，病原体が細菌の場合は，食品に播種された細菌類がその場で増殖することを理解すべきで，O157:H7 の場合がそれに該当する．ウイルスは細胞外では増殖できないので，少量のウイルスでも感染が成立するウイルス感染症がハエによって伝搬されやすいと考えられる．

なお，HPAI ウイルスや O157:H7 の場合は，感染動物の排泄物に大量に存在しており，糞便 1 g 当たりの菌やウイルスの数が 10^6 個以上に達することが知られている．その結果，大型のクロバエ 1 匹当たりの摂食量から計算すると，$10^3 \sim 10^4$ 個の病原体を消化管に取り込むことになり，昆虫体内で増殖しなくとも十分な感染量が確保されていると考えられる．

参考文献

安居院宣昭（1998）腸管出血性大腸菌 O157 保有ハエ類に関する全国調査．感染微生物検出情報 19．

Bennish M.L. and B.J. Wojtyniak（1991）Mortality due to shigellosis: community and hospital

data. *Rev. Inf. Dis.* 13 (Supplment 4): S245-251.
Cohen D., M. Green, C. Block, R. Slepon, R. Ambar, S.S. Wasserman and M.M. Levine (1991) Reduction of transmission of shigellosis by control of houseflies (Musca domestica). *Lancet* 337: 993-997.
Davari, B., S. Khodavaisy and F. Ala (2012) Isolation of fungi from housefly (*Musca domestica L.*) at slaughter house and hospital in Sanandaj, Iran. *J. Prev. Hyg.* 53: 172-174.
Faraq T.H., A.S. Fanuque, Y. Wu, S.K. Das, A. Hossain, S. Ahmed, D. Ahmed, D. Nasrin, K.L. Kotloff, S. Panchilangam, J.P. Nataro, D. Cohen, W.C. Blackwelder and M.M. Levine (2013) Housefly population density correlates with shigellosis among children in Mirzapur, Bangladesh: a time series analysis. *PLoS Negl. Trop. Dis.* 7: e3380.
Joshi L.R., K. A. Mohr, T. Clement, K.S. Haina, B. Myersb, J. Yarosb, E.A. Nelsona, J. Christopher-Henningsa, D. Gavac, R. Schaeferc, L. Caronc, S. Deeb and D.G. Diela (2016) Detection of the emerging picornavirus Senecavirus A in pigs, mice, and houseflies. *J. Clin. Microbiol.* 54: 1536-45.
小林睦生（1998） 消化器感染症における昆虫の関与．消化器における感染症・寄生虫症（松田肇，藤盛孝博 監修）．新興医学出版社，東京，pp. 34-38.
Kobayashi, M., T. Sasaki, N. Saito, K. Tamura, K. Suzuki, H. Watanabe and N. Agui (1999) Houseflies: not simple mechanical vectors of enterohemorrhagic *Escherichia coli* O157:H7. *Am. J. Trop. Med. Hyg.* 61: 625-629.
Kotloff, K.L., J.P. Winickoff, B. Ivanoff, J.D. Clemens, D.L. Swerdlow, P.J. Sansonetti, G.K. Adak and M.M. Levine (1999) Global burden of *Shigella* infections: implications for vaccine development and implementation of control strategies. *Bull. WHO* 77: 561-566.
Levine, O.S. and M.M. Levine (1991) Houseflies (*Musca domestica*) as mechanical vectors of shigellosis. *Rev. Infect. Dis.* 13: 688-696.
Nielsen, A.A., H. Skovgård, A. Stockmarr, K.J. Handberg and P.H. Jørgensen (2011) Persistence of low-pathogenic avian influenza H5N7 and H7N1 subtypes in house flies (Diptera: Muscidae). *J. Med. Ent.* 48: 608-614.
Puri-Giri, R., A. Gohsh and L. Zurek (2016) Stable flies (*Stomoxys calcitrans* L.) from confined beef cattle do not carry Shiga-toxigenic *Escherichia coli* (STEC) in the digestive tract. *Foodborne Path. Dis.* 13: 65-67.
Rahuma, N., K.S. Ghenghesh, R. B. Aissa and A. Elamaari (2005) Carriage by the housefly (*Musca domestica*) of multiple-antibiotic resistant bacteria that are potentially pathogenic to humans, in hospital and other urban environments in Misurata, Libya. *Ann. Trop. Med. Parasitol.* 99: 795-802.
Sasaki, T., M. Kobayashi and N. Agui. (2000) Epidemiological potential of excretion and regurgitation by *Musca domestica* (Diptera: Muscidae) in the dissemination of *Escherichia coli* O157:H7 to food. *J. Med. Ent.* 37: 945-949.
Sawabe K., K. Hoshino, H. Isawa T. Sasaki, T. Hayahi, Y. Tsuda, H. Kurahashi, K. Tanabayashi, A. Hotta, T. Saotp, A. Yamada and M. Kobayashi (2006) Detection and isolation of highly pathogenic H5N1 avian influenza A viruses from blow flies collected in the vicinity of an infected poultry farm in Kyoto, Japan. (2004) *Am. J. Trop. Med. Hyg.* 75: 327-332.
Sawabe K., K. Tanabayashi, A. Hotta K. Hoshino, H. Isawa, T. Sasaki, A. Yamada, H. Kurahashi, C. Shudo and M. Kobayashi (2009) Survival of avian H5N1 influenza A viruses in *Calliphora nigribarbis* (Diptera: Calliphoridae). *J. Med. Ent.* 46: 852-855.

Ⅱ部

招かれない虫たちとの関わり方

対策と利用

　きれい好きな日本人は，身の回りから健康被害を及ぼす虫を遠ざけ，快適な住環境を構築してきた．そうした環境では，感染症に罹患したり，吸血・刺咬など，虫から加害されたりする機会は減ってきた．しかしその一方で，人と虫が接することも少なくなってきた．虫と遭遇する機会が減って懸念されることは，虫に対する理解や対処法を忘れてしまい，嫌悪感や誤解から，過剰な，あるいは，誤った対応をしてしまうことである．

　地球は「虫の惑星」とも呼べるほど多くの虫が繁栄しているので，本来，人と虫の接点は多いはずである．その中には招かれない虫たちと対峙する場面もあるだろう．Ⅰ部では人獣に対するさまざまな健康被害が紹介され，「やっぱり虫は怖い」，「自分の家にはいてほしくない」という感想をもったかもしれない．それはある意味，素直な感情かもしれない．しかし怖いからといってすべての情報に耳を塞いでしまうことはやってはいけないことである．その虫によって健康にどんな影響がどのように起きるのかを理解し，適切に虫を恐れ，対処することが，人と虫が共生することにつながるのではないだろうか．

　虫との関わり方には人によっていろいろな形があるだろう．みずからは虫にまったく近づくことのない人もいれば，休日には野山に出て自然に親しむなかで，虫を慈しむ人もいる．

　概して，虫との触れ合う機会が多い人は，興味対象以外の虫についても理解度が高く，他の人に比べて，虫に対する不快感をもちにくいように思う．虫に対する造詣は虫との触れ合いによって深まり，相手を知ることで冷静な対応ができるのであろう．

　本来，衛生動物学研究の究極の目的は，招かれない虫との接し方である．そして，研究者の中でもそのアプローチの仕方は多様である．Ⅱ部では感染症や健康被害に関連する招かれない虫たちとの関わり方をいくつか紹介する．害虫防除の分野では，従来の殺虫剤偏重の防除方式から，薬剤汚染の少ない新しいさまざまな手法の導入が図られている．とくにIPM（integrated pest management，総合的有害生物管理）と呼ばれる害虫対策は，農業分野で始まり，建築物内の害虫防除戦略にお

いても柱とされた．その IPM とはどのようなものか，その生まれてきた背景や衛生害虫防除における今後の展望を7章で紹介する．

8章ではまず，この本全体で取り上げられている衛生害虫を整理し，現代の日本人の害虫や殺虫剤に対する認識を概観する．わが国には蚊取り線香やホウ酸ダンゴなど，昔から人々になじみのある殺虫剤があるが，殺虫剤にはどのようなタイプがあるか，それらの法律上の規定や適切な使い方を紹介し，殺虫剤の功罪を解説する．

21世紀に入ってからトコジラミは世界の都市部で問題となり，一時期姿をほとんど消していた日本でも宿泊施設を中心に蔓延し，今や，一般住宅にも被害が拡大しつつある．翅がなく移動能力も限られるトコジラミが再興してきた要因を考察し，どのような健康被害をもたらしているか，さらに，新しい防除手法の試みについて9章で紹介する．

続く10章では「顧みられない熱帯病」として世界の人々から見すごされてきたリーシュマニア症とその媒介者サシチョウバエを紹介する．サシチョウバエの仲間は日本にも生息するが，リーシュマニア症が国内には存在しないため，日本人研究者はほとんどいない．しかし一人の女性研究者が感染症の制圧に向け，おもにバングラデシュやトルコを舞台にして活動している状況を紹介する．

節足動物媒介感染症が流行する場合，病原体の性質，媒介動物の生態，ヒトの行動，対策手段など，さまざまな要因が複雑に関与するが，感染症流行の動態解析によって，その後の流行の予測や講ずるべき対策を示すことができる．11章では昆虫学，疫学，統計学を融合した数理モデルから感染症の流行を解析する手法や考え方を解説する．

2014年に国内で発生したデング熱の流行以来，蚊に対する住民や行政の認識が変化しつつあり，国内各地で蚊防除の取り組みがなされている．また海外では，マラリア対策で日本の防除技術が導入されている．12章ではさまざまな感染症の媒介蚊に対する誘引や忌避行動を解析して新しい防除法への応用をめざした研究内容を紹介する．

招かれない虫を駆除するために，簡単に処理できる殺虫剤が利用される機会が多い．なかでも家庭で使用される殺虫製剤には，多くの場合，ピレスロイドという有効成分が配合されてきた．13章では長らく使用されてきたこのピレスロイドを取り上げ，昆虫に対するその作用機構や抵抗性の分子レベルのメカニズムを解説する．

Ⅱ部の各章では，海外での感染症媒介虫対策の取組みも含めて，研究や解説，レビューなど，幅広い視点から執筆いただいた．生活に即した実用的な内容や，分子生物学の新しい技術を駆使した研究など，いずれも招かれない虫との関わり方に資するものである．

これから虫の分野で仕事をしたいと考えている若い人たちには，きっかけを与えてくれるかもしれない．そして，一般の方には虫と接するヒントを見つけていただければ幸いである．

橋本 知幸

7章
都市の衛生害虫管理
IPMの考え方と実践

平尾 素一

IPMは米国の農業から始まった

　有害生物を駆除するもっとも進んだ方法をIPM（integrated pest management, 総合的有害生物管理）と呼び，環境にやさしい害虫管理法として広く世界に知られている．integratedはいろいろなものを統合するという意味で，pestは人間生活に害のあるすべての有害生物，managementは管理である．すべてを防除するcontrolよりは一歩進んだ手法であり，現在では世界でもっとも進んだ防除法として広く定着しつつある．

　IPM的な考え方が初めて論文として示されたのは1959年のことで，カリフォルニア大のSternら（1959）が生物的防除と化学的防除を結合したようなintegrated controlを提案した．1962年にはDDTなど農薬の大量使用による環境破壊を取り上げたレーチェル・カーソンの"*Silent Spring*"（日本語版『生と死の妙薬』1964）が大きな話題となり「環境にやさしい防除」への関心が高まった．その後もIPMに対し150余りの定義が示され，多くの学会論争を経て，1970年代には大学研究者によるIPM基礎研究を経て，1980年代後半に政府と大学研究者による実用試験に成功した．このようにIPMは米国の農業分野からスタートした．

　1980年代になり，米国の都市害虫防除にもこの考え方を適用すべきとの議論が大学研究者の間で交わされるようになった．1980-90年代にはゴキブリ防除に際し，清潔な環境はどのように防除に有利に働くのか，殺虫剤をどのように他の対策と組み合わせると良い結果が得られるか，物理的手段による効果はどの程度か，など20を越える研究論文が発表された．その頃より，害虫防除技術者向けのテキストや大学の講

義も，徐々に IPM 様式に切り替わっていった．そんな中，1993 年米国環境省は連邦政府の約 7,000 の建物でおこなう害虫管理のすべてを IPM でおこなうよう義務付けた．さらに，全米 11 万の公立学校にも IPM の採用を推奨した．これが契機となり建物の害虫管理にも IPM が徐々に普及していった．

　IPM 普及・推進のための情報発信の中心的存在であったフロリダ大学は，学校での School IPM に早くから取り組み，テキスト "*IPM for School*" を発行している．それによると，「IPM とは幅広い知識と管理手段を用いることにより，長期間にわたり環境に健全な有害生物制御を達成するためのプロセスである．IPM プログラムの中の防除作戦は，殺虫剤による処理だけではなく，害虫が利用する食物，水，隠れ家，通路などを減少させるための構造面や作業面の改修にまで及ぶ」としている．米国環境省も早くから IPM 普及に多大な予算を投入してきたが，最近のウェブサイト "Introduction of IPM" では IPM を以下のようにわかりやすく説明している．

> 「昔からおこなっている慣行的な害虫防除は，殺虫剤を日常的・定期的に処理することであった．IPM は予防に重点を置き，必要な時のみ殺虫剤を使用するというより効果的で，環境に配慮したアプローチである．それを達成するためには，害虫を同定し，モニターし，どれくらい増えたら防除するかという action threshold（措置水準）を定め，防止し，駆除することである」．

日本の都市害虫対策の IPM は建築物衛生法から始まった

　日本では 1990 年代に入り，人々の健康志向への関心が急速に高まり始めた．その関心はまず食物や生活環境の農薬や化学物質に向けられた．1991 年のゴルフ場の農薬使用による水質汚染，1993 年の化学物質過敏症，1995 年以降のシックハウス症候群，1997 年の通称「環境ホルモン」による生物への害などが相次いで問題提起された．問題の化学物質の中にはいくつかの殺虫成分も含まれ，一部は国会でも取り上げられた．これらのほとんどはマスコミの興味本位的な取り上げ方で世間を騒がせたが，さらなる詳細な調査により緊急の危険がないことが示されたり，シックハウス症候群のように法規制により解決されたものもある．

広く人々が利用する面積 3,000 m^2 を越える建物（特定建築物と呼ばれる）では，建築物衛生法により建物内での衛生的な管理が義務付けられている．この法律では，空気環境の調整，給水及び排水の管理，清掃，ネズミ・昆虫等の防除，その他環境衛生上良好な状態を維持するのに必要な措置が定められている．害虫防除については，殺虫剤の散布時だけでなく，使用後の微量な殺虫成分の残留量にも関心が向けられるようになり，その流れを受けて，2002 年に建築物衛生法の施行規則の一部が改正され，害虫防除は「6 か月以内ごとの調査をおこない，その結果に基づいて措置をおこなうこと」と明記された．これにより，今までおこなわれてきた定期的な薬剤処理から，調査結果に基づき，必要な場合にのみ防除をおこなうという害虫管理の本来の姿に一歩近づいた．しかし，その調査法やどのような状態になると防除が必要なのかという基準等の定めはなかった．

そこで，2003～2005 年にかけ，「建築物におけるネズミ，害虫等の対策に関する研究プロジェクト」が精力的に実施され，その中で建物害虫防除に対し，IPM が提案された．2007 年の「建築物環境衛生管理要領等検討会」を経て，2008 年には IPM に基づく「建築物環境衛生維持管理要領」が改正され，具体的には『建築物における維持管理マニュアル (2008 年版)』として示された．その「第 6 章ネズミ等（害虫を含む）の防除」で建築物内のネズミ・害虫の IPM 施工方法が詳しく示されている．そこでは建物 IPM と呼ばれる施工法を以下のように定義している．

(1) 有害生物の生息密度調査法が定められていること．単にいるかいないかではなく，どれくらいいるかという生息密度を何らかの形で表現すること
(2) どの程度まで防除するかという目標水準を設定し，それを基に防除のための措置を講じること
(3) 防除に当たっては人や環境に配慮した有効適切な防除法を組み合わせること
(4) 結果について効果判定をおこない，その方法についての検証をすること

問題は (2) の目標水準値の設定である．農業ならばその農地から得られる農産物の収量と防除のために投入される資材・薬剤等からもっとも採算の取れる経済的防除水準を算出することは可能であるが，建物内の

都市害虫の場合は何を根拠に水準を定めるかが問題になる．その場合の根拠として通常以下のようなものが挙げられている．
 (1) 審美性：害虫の存在で施設のイメージが損なわれることがある
 (2) 経済性：ネズミや害虫による経済的な被害，存在による利用者へのイメージダウン
 (3) 健康・安全性：病原菌の媒介など
 (4) 人々からの苦情
 (5) 清潔維持の法律

このような要因を考慮したうえで，各施設の管理者によって望ましい維持管理水準が定められるべきとしている．

建築物における衛生害虫に対する IPM の実際

前述の「建築物環境衛生管理要領」に基づく『建築物の維持管理マニュアル 第6章ねずみ等の防除（2008年版）』におもな建築物の害虫についての IPM が示されており，例として衛生害虫であるゴキブリとハエ・コバエ類についてその概要を紹介する．

ゴキブリ
(1) あらまし
・対象種：ビルで防除対象となるおもな種類はチャバネゴキブリ *Blattella germanica* である（図7-1A，口絵19）．
・生息密度調査：室内の生息数をすべて把握することは困難であるが，床置型粘着トラップ（図7-1B）を出没しそうなところに一定期間配置することにより相対的な密度を知ることは可能である（図7-1C）．基準では配置個数は厨房のような生息個体数の多い所では 5 m^2 に1枚，事務所のような比較的少ない所では 25～50 m^2 に1枚の割合で配置する．その配置期間は3～7日とする．ただし，生息密度の高い所では設置期間を1～3日程度に短縮する．捕獲されたゴキブリの頭数とトラップ数と設置期間からあるエリアのゴキブリ指数［＝ゴキブリ捕獲数÷(トラップ数×設置日数)］を算出する．このゴキブリ指数をもとに維持管理水準や措置水準などを決定する．
・維持管理水準（表7-1）：施設内のゴキブリをどの程度にまで抑えて

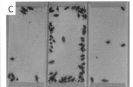

図 7-1 チャバネゴキブリの捕獲状況. A) チャバネゴキブリ, B) 床置き型粘着トラップ, C) 捕獲されたチャバネゴキブリ.

表 7-1 ゴキブリ, ハエ・コバエ類の維持管理水準の一例

対象害虫	許容水準	警戒水準	措置水準
	以下のすべてに該当すること		
ゴキブリ (1～3の条件について許容水準, 措置水準に該当しない場合は警戒水準とする)	1. トラップによる捕獲指数が0.5未満. 2. 1個のトラップに捕獲される数は2匹未満. 3. 生きたゴキブリが目撃されない.	1. トラップによる捕獲指数が0.5以上1未満. 2. 1個のトラップに捕獲される数は2匹未満. 3. 生きたゴキブリが時に目撃される.	1. トラップによる捕獲指数が1以上. 2. 1個のトラップに捕獲される数は2匹以上. 3. 生きたゴキブリがかなり目撃される.
ハエ・コバエ類 (1～3の条件について許容水準, 措置水準に該当しない場合は警戒水準とする)	1. トラップによる捕獲指数がハエは1匹未満, コバエ類は3未満. 2. 1個のトラップに捕獲される数がハエは3匹未満, コバエ類は4匹未満. 3. 生きたハエ・コバエ類が目撃されない.	1. トラップによる捕獲指数がハエは1以上5未満, コバエ類は3以上5未満. 2. 1個のトラップに捕獲される数がハエは3匹以上5匹未満, コバエ類は4匹以上5匹未満. 3. 生きたハエ・コバエがわずかに目撃される.	1. トラップによる捕獲指数がハエは5以上, コバエ類は5以上. 2. 1個のトラップに捕獲される数がハエは5匹以上, コバエ類は10匹以上. 3. 生きたハエ・コバエ類が多数目撃される.

管理するかであるが, 施設管理者やその利用者が明るい状態の時に日常的にまずゴキブリを見かけることはないという状態に管理することとされた.「見かけることがない」という状態がゴキブリ指数とどう関係するか実際に各種のビル内で調査された (元木ら 2005). その結果, 指数0.1～1の間では「いない」と感じ, 1を越えると「わずかにいる」, 2を越えると「多くいる」, 3を越えると「大変多い」という傾向が見られた. 一方, ゴキブリ指数はその区域の平均値でありゴキブリの分布状態を示しているとはいえない. たとえば, ある部屋に10枚トラップを置き, 3日間で計30頭捕獲されたとするとゴキブリ指数は1となる. 9枚のトラップが0頭で, 1枚に30頭捕獲されたとしても指数は1となるが, 30頭の所には明らかに対策が必要となる. ゴキブリ指数がいくつ以上になると対策が必要か, 1トラップあたり

の最大捕獲数はどうかなども検討されており，建築物衛生法のマニュアルでは表 7-1 のように提案されている．
- 防除手段：調査の結果，措置水準を上回っているようであれば，防除がおこなわれる．IPM では殺虫剤にのみ頼るのではなく，生息を助長するような要因を生息現場から可能な限りなくすことに努め，その補助手段として，あるいはどうしても駆除できない場合の手段として化学的防除である殺虫剤が用いられる．

(2) 環境的防除

清潔な環境下ではゴキブリが少ないことはよく知られているが，食品取扱施設では食品衛生上の必須要件でもある．清潔な環境は具体的には以下のようにして保持する．

- 食物管理：ゴキブリに食べ物を与えないように食品を密閉容器等で保管すること．調理で生じた厨芥類はすべて密閉容器に入れ，排水溝，床などに残さないよう清掃する．
- 清掃管理：厨房の床，排水溝，厨房機器の下・裏等を頻繁に清掃し，食品残菜・食品屑を残さないようにする．引き出しや棚の中なども時々調べ，布屑・紙・ビニールなどで不要なものは処分すること．これらはゴキブリの巣になりやすい．ただし，この処理のみでゴキブリを根絶することは困難で，ゴキブリの場合はあくまでも補助手段である．
- 防虫工事：チャバネゴキブリの 1～2 齢幼虫は 0.5 mm 以上の隙間があれば通過する．室内のあらゆる隙間をなくし，侵入や行動を制限することは実際上困難であるが，ゴキブリは隣接する部屋との隙間，配管周りの隙間などを利用して部屋間を移動しているので，明らかに移動に利用している隙間・穴は塞ぐことが望ましい．

(3) 物理的防除

ゴキブリは幼虫・成虫が同じ所で集団を作って潜伏している．ここを見つけ出し，掃除機で吸い取る方法がある．潜伏箇所が比較的わかりやすく，掃除機の先端が届くことが条件である．速効的な効果があることや安全であることが特色である．ただし，潜伏箇所を外した吸引や大半を逃がしてしまった場合にはすぐにゴキブリを見かけることになり再度の処理が必要となる．1990 年代の終わりに，米国で IPM が始まった頃からこの方法が普及し始めた．米国連邦政府の建物 IPM 仕様書でも，

初回のゴキブリ防除はこのクリーナーによる吸引法でおこなうことを勧めている．

(4) 化学的防除

　ゴキブリはわずかな水と食料だけでも生きていくことが可能であり，徹底清掃でも完全になくすことは困難である．やはり最小限の殺虫剤の使用が必要となる．殺虫剤を使用するもっとも安全な施工法はベイト剤（食毒剤）の使用で，調査の結果判明した出没箇所にベイト剤を配置する．小さい容器に入ったものを配置する方法とカートリッジに入ったジェル状のベイト剤を絞りだし，人手の届かない箇所に米粒大程の量をあちこちに投入する方法とがある．駆除が完了したら除去することが望ましい．この際，周りの食物屑もできるだけ取り除く．米国でもゴキブリのIPM仕様書にベイト剤は採用されている．ベイト剤で十分な効果がでないこともある．食べなかったり，薬剤抵抗性などが原因である．この場合は殺虫液剤をゴキブリの活動域，とくに通路と思われるところに処理し，脚から取り込ませて駆除をおこなう．使用薬剤はゴキブリ駆除用に許可された防除用の医薬品，医薬部外品と定められている．

(5) 効果判定

　防除をおこなった区域の効果判定をおこない，許容水準になっているかどうかを判定する．方法は，事前調査と同様の方法でおこなう．効果のない場合は，その原因をよく検討し，必要な措置をおこなう．方法等について更に検証をおこないより良い成果が得られるよう改良を加える．

ハエ・コバエ類

(1) あらまし

- 対象種：ハエはイエバエ *Musca domestica*（口絵14），ヒメイエバエ *Fannia canicularis*，ニクバエ類，キンバエ類など大型のハエで，コバエ類はハエと同じく双翅目 Diptera（＝ハエ目）に属する小型の飛翔性昆虫でチョウバエ類，ノミバエ類，ショウジョウバエ類，クロバネキノコバエ類，ニセケバエ類などを含む．
- 生息密度調査：粘着シートあるいは粘着テープ付のライトトラップを使用し，問題になるハエの活動しそうな室内（厨房，湯沸し場，トイレ，洗面所，汚水・排水槽などの付近）に7日間設置する．捕獲指数［＝全捕獲数÷（トラップ数×設置日数）］を算出し，維持管理水準の

判定材料とする．
・維持管理水準：表7-1に示した．
(2) 環境的防除

おもに発生源除去のための清掃である．そのためにはどんなハエ・コバエ類がどんな所から発生するかを理解しておく必要がある．とくに食品残渣の除去と厨芥の密閉容器による管理が必要となる．

(3) 物理的防除

コバエ類の多くは走光性でライトトラップに捕獲される．コバエ用の小型トラップも市販され，局所的な対策として使用されている．ハエなどが屋外から室内に飛来する場合は出入口にビニールカーテン，エアーカーテン等を設置する．

(4) 化学的防除

発生源を除去できない場合は，殺虫乳剤・水和剤などを用法・用量に従って散布する．チョウバエの発生源には，IGR剤（昆虫成長抑制剤）を処理する．成虫対策としてはミスト機あるいはULV機（ultra low volume sprayer, 高濃度少量散布機）でピレスロイド剤の空間スプレーをおこなう．その際，周りの食品・食器・食品の接する調理台などへの汚染防止に十分注意する．

(5) 効果判定と検証

防除をおこなった区域の効果判定をおこない，許容水準以下になっているかどうかを判定する．方法は事前調査と同様の方法でおこなう．効果のない場合は，その原因をよく検討し，必要な措置をおこなう．方法等についても検証をおこない，より良い成果が得られるよう改良を加える．

都市の衛生害虫IPMのこれから

日本の都市建物におけるIPMは2008年1月政府の通知により始まった．IPMとは何かという予備知識は研究者の間では認識されていたが，一般にはほとんど知られていなかった．米国では早くから多くの大学がホームページなどでIPMとは何かを盛んに啓発し，研究助成金や優良実施者に対する奨励金を交付するなどの施策がおこなわれてきた．行政のあらゆる関係部署でIPMコーディネーターを育成し，この人々を通じて十数年かけ普及を図ってきた．

日本では突然の通知であったが，実施する防除業者には業界団体を通じた教育が数年前からおこなわれていたためか1～2年で普及した．次いで，行政担当者の間で適切な考え方と理解が広まっていったが，現場の建物管理責任者の理解には更に数年を要した．これからも官民一体となった啓発は必要である．

　農業部門ではIPMによる生産物が認証制度を通じ，価格面で差別化され，生産者の努力に見合った収益につながりつつあると言われている．都市の建築物でも適正なIPMにより管理されている場合に対し，そのインセンティブの一つとして，何らかの認証制度が望まれるところである．

参考文献

Stern V.M., R.F. Smith, R. van den Bosch and K.S. Hagen (1959) The integrated control concept. *Hilgardia* 29: 81-101.
カーソン，R.L.（1962）［青木簗一 訳．1964］生と死の妙薬．新潮社，東京．310 pp.
厚生労働省（2008）建築物における維持管理マニュアルについて．平成20年1月25日健衛発第0125001号．
元木貢（2005）ネズミ害虫等の発生状況と出没感や環境整備との関係：建築物におけるネズミ・害虫等の対策に関る研究（主任研究者田中生男）．厚生労働科学研究費補助金，平成17年度統括・分担研究報告書．pp. 111-115.

コラム4
基盤資源としての昆虫標本・データベース

多田内 修

　日本昆虫科学連合と連携関係にある日本学術会議応用昆虫学分科会では2014年に，提言「昆虫分類・多様性研究の飛躍的な拡充と基盤整備の必要性」（委員長：嶋田　透）を政府に提出した．また現在は本書とも関係の深い「衛生害虫による被害の現状及び衛生動物学の教育研究の強化」という提言の提出準備が進められている．私は前者の提言のとりまとめにかかわった一人として，このコラムでは，昆虫標本とデータベースの基盤整備の必要性について提言の内容を中心に紹介したい．

　これまでに記載された全生物種は約140〜180万，そのうち昆虫は約100万で75〜90％を占め，現在でも毎年世界から数多くの新種が発見，報告されている．アメリカ・スミソニアン研究所のアーウィンらの熱帯雨林の林冠（高木層の最上部で枝葉の茂る部分）での研究から，全世界で3,000万種の昆虫が生息すると予測され，その後もさまざまな推定値がだされている．とくに高緯度より低緯度（熱帯）での種数が多く，たとえばアマゾンの1本の樹から82種のアリが採集されているが，これはイギリスのアリの全種数の2倍にあたり，低緯度地域の種数の多さを物語っている．日本の昆虫は，日本列島が南北に細長く地形が複雑で，気候的にも変化に富んでいることから，これまで約3万種が記録され，実際には10万種を超える種が生息すると推定されている．この数はヨーロッパ全体の種数に匹敵し，日本は世界的にも貴重な，生物多様性の豊かな「ホットスポット」地域に指定され，その保全の必要性が叫ばれている．

　欧米先進国では，自然史（natural history）研究が古くから盛んで，昆虫類はその重要な対象になっている．大英自然史博物館やスミソニアン国立自然史博物館では，昆虫標本は代表的な収蔵物であり，それぞれが3,000万点以上を収蔵している．他の欧米諸国においても標本収蔵数が日本の最大規模の九州大学の400万点をしのぐ博物館が少なくない．日本の豊かな生物多様性を明らかにし，その保全を進めるためにも，収蔵設備をもつ拠点研究機関は，基礎となる標本を継続的に蓄積収集するとともに，将来計画に沿って十分な収蔵スペースを確保する必要があるであろう．衛生昆虫類の標本については，国内には合計で約20万点あり，国立科学博物館と国立感染症研究所が代表的収蔵機関である．前者では故 加納六郎博士の研究グループが国内各地や東南アジア，南太平洋地域で採集されたハエ類約8

万点が寄贈されており，その中でも衛生害虫として重要な有弁ハエ類（イエバエ，クロバエ，ニクバエなど）の標本は，質，量ともに世界第一級といわれる．また，後者には，ハエ，蚊，ゴキブリを中心に約5万点の標本が蓄積されている．

近年の分子生物学，ゲノム科学の急速な発展の後押しを受け，細胞生理や発生の基本的な機構の解明が進んでいることに加え，生物が多様な環境に適応して進化する仕組みや，生物間相互作用に関する研究など，より高度な生物学が注目を集めている．この傾向は昆虫学でも同様であり，そのため，近年では多様性学自身だけでなく，他の生物学の基礎となる分類学と標本そのものの重要性が再認識されてきている．

上記のように昆虫類は地球上できわめて繁栄し，そのため現在の地球環境や人間生活と密接な関係をもっている．今日のグローバル化・温暖化時代では，昆虫類は生物多様性の重要な役割を担うばかりでなく，この本で詳しく解説されているデング熱，マダニ媒介感染症をはじめとする重い人獣感染症や植物加害，植物病害を媒介するリスク生物としても重要性が増してきている．わが国の昆虫の中には，農業害虫，衛生害虫として産業や社会に影響を与えたり，輸出での検疫対象になっていたりするものが少なくない．また，天敵や有用昆虫として利用されているものも多い．防除や利用の対策の現場でもっとも求められているのは，対象の昆虫を正確かつ迅速に同定する技術である．昆虫の種や系統を正確に同定することなしに，これらを活用した技術や対策を実施することは，むしろ失敗の危険性をもはらんでいる．そのためには，国内とアジア各地から昆虫標本をできるだけ収集し，それらの形態変異，生理生態，地理的分布，DNAバーコードなどの遺伝子情報を蓄積しデータベースを構築することが必要である（図1）．

図1　九州大学で構築公開している昆虫学データベース
　　　（2016年3月現在で約50万件の種情報データを公開中）．

DNAバーコードデータについては，その蓄積とデータベース化を進めることにより，これまでの外部形態による方法では正確な同定が困難であった微小な害虫や天敵を迅速に同定することも可能になる（コラム5参照）．近年の感染症の流行や侵入の危険に対して適切な対応をとるためにも，また食品安全等に関して科学的な根拠に基づき国際間の交渉をおこない，貿易の促進とわが国のヒトや動植物の健康保護を両立するためにも，昆虫の生物情報データベースの構築と大規模標本の蓄積を進める基盤整備が必要と考えられる．衛生害虫では，海外からの飛来源や飛来の経路の推定に役に立つ情報が得られるだけでなく，国内の流行予測や殺虫剤抵抗性が発達する要因解析などにも役立つことになるであろう．国内への移入が懸念されるリスク昆虫の同定方法を諸外国と共同で確立できるならば，防疫の早期対策も可能になることが期待できる．

参考文献
日本学術会議応用昆虫学分科会（委員長 嶋田 透）（2014）提言 昆虫分類・多様性研究の飛躍的な拡充と基盤整備の必要性．30 pp.

8章
殺虫剤による駆除の実際と課題

橋本 知幸

はじめに

　ヒトに健康被害を及ぼす害虫を衛生害虫という．その対策の基本は衛生害虫を発生させない環境整備である．しかし，発生してしまった害虫に対しては，捕殺，加熱などの物理的対策，殺虫剤・忌避剤などの薬剤を用いる化学的対策，ある種の害虫に特異的な天敵，病原体，生物産生毒素を利用する生物的対策などで対応しなければならない．それぞれの対策には一長一短があり，導入には条件がある．

　とかく殺虫剤に対しては負のイメージを抱く人が多い．殺虫剤を使わずに害虫駆除ができれば，それに越したことはないが，他の手段がない種々の場面で殺虫剤が活用されてきたのも事実である．ここでは殺虫剤による衛生害虫駆除の実際から，殺虫剤の利点や抱える課題を概観したい．

虫嫌いと殺虫剤嫌い

　衛生害虫は被害形態から，さらに表8-1のように区分される（厚生省1987）．感染症媒介害虫には，ヒトから吸血する際に，病原体をヒトに伝播して感染を引き起こす種類が多い．これらは吸血行動じたいがヒトに対する肉体的な加害行動であることから，媒介害虫と有害害虫の2つの面をもつことになる．

　とはいえ，日本人の清潔志向や「虫嫌い」の傾向から，私の職場に寄せられる電話相談は，媒介害虫や有害害虫に関するものは少なく，「空き地から臭い虫が飛んでくる（→カメムシ）」とか，「ブロック塀に赤い虫がたくさん歩いている（→タカラダニ）」，「マンションの室内の壁に

表8-1 被害のタイプから見た衛生害虫の分類

	定義	種類	備考
媒介害虫（ベクター）	吸血や刺咬などによって，病気を人に媒介する	蚊，マダニ，サシガメ，ノミ，シラミ，ハエなど	感染経路は生物的伝播
有害害虫	病気は媒介しないが，人に刺咬，吸血，皮膚炎などの肉体的な実害を与える	上記に加え，アブ，ブユ，蜂，ドクガ，ムカデ，ゴケグモなど	アレルゲンに関連するダニ・昆虫類も含まれる
不快害虫（ニューサンス）	肉体的な害は与えず，不快感，嫌悪感などの精神的な影響を与える	ゴキブリ，ハエ，ユスリカ，チャタテムシ，タカラダニ，ワラジムシなど	個人の主観によるので，どんな虫でもなり得る

小さな虫がたくさん這っている（→チャタテムシ）」など，不快害虫に関する内容が多い．不快害虫の場合には侵入経路を遮断したり，人がその場所を回避することで対応できることが多いが，受話器の向こうの相談者は，「近くに虫がいるだけでイヤ」と話し，「毎日，燻煙剤を使っている」とか，「1匹のゴキブリに対して，殺虫エアゾール剤を1本使った」など，不適切な殺虫剤使用状況を語りだす．無害な虫を「招かれない虫」と思ってしまうのには，虫との接触機会の減少があり，育った環境や，親や教師など周囲のおとなの影響も大きいように思う．

その一方で，殺虫剤は一切使わないという人もいる．私たちの住環境は殺虫剤に限らず，多くの化学物質に囲まれており，化学物質過敏症が問題となっている．まだ，化学物質過敏症と殺虫剤の関連は不明な部分が多いが，公共の建物の害虫管理でも，使用できる殺虫剤の選択肢が少なくなり，有機リン系殺虫剤を使用禁止にした自治体も増えている．省薬剤の動きは歓迎すべきところではあるが，殺虫剤をまったく使わずに根絶できる建物内の衛生害虫は少ない．現在できることは，拡散性の少ない殺虫剤の使用や，使用量・頻度を少なくすることであろう．また，建物管理者は建物の殺虫剤使用歴を把握し，殺虫剤を使っていないスペースを提供できるような方策を考える必要もある．

インターネット上では，「安全な天然物で害虫対策しよう」という情報が氾濫している．しかし，パラケルススの古い言葉「すべての物質は有毒である．毒性のない物質は存在しない．毒になるかどうかは量で決まる」のとおり，天然物でも過度の使用は有害である（表8-2）．台所洗剤や食塩でも害虫を駆除できることがあるが，駆除できる濃度は殺虫剤よりもはるかに高い濃度である（図8-1；橋本・秋山2009）．そもそも安全性を重視しても，害虫に効力がなければ駆除剤としての意味がない．

表 8-2 殺虫剤, 殺鼠剤, 治療薬, 食品の急性経口毒比較

物　質	LD_{50} (mg/kg；ラット)
ボツリヌス菌産生毒素（人）***	0.00000032
テトロドトキシン（フグ毒）***	0.0085
ニコチン ***	24
プロペタンホス（虫）*	59.5〜119
フィプロニル（虫）*	97
DDT（虫）*	113〜118
カフェイン ***	174〜192
ワルファリン（鼠）（人）	186
アレスリン（虫）*	900〜2,150
ピレトリン（虫）*	1,030〜2,370
ダイアジノン（虫）*	1,250
L-メントール ****	1,611
フェニトロチオン（虫）*	1,700〜1,720
ディート（忌避剤）	2,170〜3,644
食塩 ***	3,000
ピロプロキシフェン（虫）*	> 5,000
エタノール **	13,660
スクロース（精製白糖）	29,700〜35,400
エトフェンプロックス（虫）*	> 42,880

（虫）は殺虫剤原薬，（鼠）は殺鼠剤，（人）は人疾患治療薬
*The Pesticide Manual 13th edition (Tomlin 2003) より
**FAO Nutrition Meetings Report No48A (2004) より
*** 新農薬学（松中 1998）より
**** 昭和化学製品安全データシート（2009）より
無印 Boyd et al. (1965) より

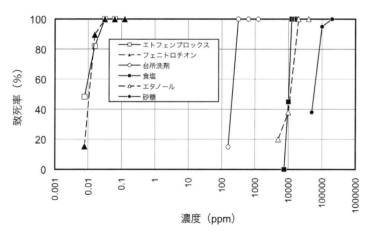

図 8-1 日用品と殺虫剤のアカイエカ幼虫に対する致死効果の比較．横軸は対数であることに注意．縦軸目盛り 1 本で濃度が 10 倍違う．

どんな殺虫剤を選べばよいか？

　殺虫剤の有効成分は，有機リン，カーバメート，ピレスロイド，ネオニコチノイド，フェニルピラゾール，昆虫成長制御剤など，さまざまな系統（グループ）がある．同一の殺虫成分でも，エアゾール剤，燻煙剤，ベイト（食毒）剤，油剤，乳剤，粉剤，粒剤など，さまざまな剤型がある．このように多くの種類があるのは，害虫の種類，発育段階（幼虫・成虫など），生息環境（屋外・屋内，水域，空間など）によって，最適な選択肢が使えるよう，開発されてきたからである．

　しかし実際には，日本国内で衛生害虫用の殺虫剤として店頭に並ぶ製品は，圧倒的にピレスロイド系が多い．これはピレスロイドが害虫への速効性や人畜毒性などの点で優れ，かつて主流であった有機リン系殺虫剤がほとんど姿を消したためである．他の系統の殺虫剤も少しずつ上市されているが，まだまだピレスロイドの独壇場である．

　同じ系統の殺虫剤は，害虫の体内に入った時の作用性が共通であることが多い．実際，ピレスロイド抵抗性が広く知られているトコジラミ *Cimex lectularius*（口絵17）では，家庭用殺虫剤ではうまく駆除できない事例が増えている（9章参照）．もし，効き目に疑問がある場合には，カーバメート系や有機リン系の製剤を利用することも選択肢の一つである．

　また「農薬」と「衛生害虫用殺虫剤」の違いも一般消費者にはわかりにくい．前者は農作物の害虫への使用に限定され，農林水産省が所管する農薬取締法に「登録」されたものである．一方，後者は衛生害虫の駆除に限定されたもので，厚生労働省が所管する医薬品医療機器等法（旧薬事法；以後薬機法）で「承認」されたもので，両者は法律によって厳密に区別されている．農薬と衛生害虫用殺虫剤では，同じ成分が使われている場合もあるが，農薬を家の中のゴキブリに対して使ったり，衛生害虫用殺虫剤を野菜のハダニに使ったりすることは，法律で禁じられている．なお，薬機法における衛生害虫とは，具体的にハエ，蚊，ゴキブリ，ノミ，シラミ，トコジラミ，イエダニ（口絵22），屋内塵性ダニ，マダニのことだけを指し，表8-1の定義とは少し異なる．これらの害虫の駆除を標榜する薬剤は，薬機法の承認を受けなければならない．スズメバチ，ムカデ，ゴケグモなどは，有毒でも「法律上の衛生害虫」の範疇には入らず，これらの駆除剤は同法の規制を受けない．有効成分が同

図 8-2　浄化槽内に取り付けられたジクロルボス樹脂蒸散剤.

じものでも「雑品」として販売されるのである．衛生害虫用殺虫剤の中でリスクが高いものは第 2 類医薬品に指定されており，かつては薬剤師のいる店舗でしか販売できなかったが，2014 年の法改正で，第 2 類医薬品がインターネット上でも購入できるようになった．実質的に購入上の境界はなくなりつつある．

殺虫剤の効果的な使い方と限界

　殺虫剤処理は害虫が発生した時の対策であり，発生を予防する効果は限定的である．衛生害虫に対して予防的に使われる数少ない例としては，浄化槽内などにぶら下げ，成分が長期間揮散する樹脂蒸散剤がある（図 8-2）．殺虫成分が槽内空間に揮散し，アカイエカ $Culex\ pipiens\ pallens$（口絵 5）やチョウバエの成虫を駆除することで，水域への産卵を阻止し，予防効果が得られる．しかし，これは閉鎖した狭い環境に限定されるものであり，人が常時出入りする空間にこの製剤を吊るしてはいけない．

　また，殺虫剤処理を害虫のすべての発生源に処理するには限界がある．飲食店のゴキブリや浄化槽内のボウフラなどの人工的で閉鎖的な環境では発生源を網羅しやすいが，発生源が無数にある屋外の自然環境では，一時的に駆除できても，効果が減退したところで，周辺から侵入してくる．図 8-3 はある公園内の雨水桝に昆虫成長制御剤を処理した時の，桝内の

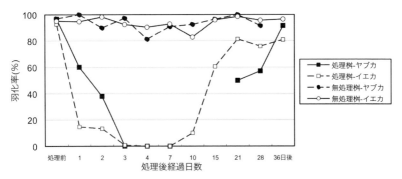

図 8-3 雨水桝に昆虫成長制御剤を処理した時の蚊の幼虫・蛹の羽化率の推移. 処理桝の 10, 15 日後, 無処理桝の 36 日後はヤブカの幼虫・蛹が採集されなかった.

幼虫の羽化率を示したものである. ヤブカとイエカの幼虫が混生する雨水桝を, 処理区（10 桝）と, 無処理区（6 桝）に分け, 処理桝にはある昆虫成長制御剤を有効成分濃度 1 ppm で処理した. 本剤は遅効的に効果が発現するので, 処理 1 日後から徐々に羽化率が低下し, 3〜7 日後はほぼ完全に羽化を抑えた. しかし, わずかに生き残った個体や, 処理直後から産み付けられた卵から孵化した世代が発育し, 10 日目以降, 徐々に回復した. この雨水桝は上部に格子状の鉄蓋がされているが, 蚊成虫は自由に往来できる. 昆虫成長制御剤じたいに産卵抑制効果はないので, 雨水桝内への産卵はいつでも可能である. 結果としてイエカでは 21 日後に, ヤブカも 36 日後には処理前の羽化率に戻ってしまった. こうした例からも, 周囲に発生源が存在する場合, 害虫密度をゼロで維持し続けるためには, 対象害虫がいなくても, 殺虫剤処理を継続しておこなわなければならないことになる. しかし, そのためには多くの作業やコストを費やすことになり, 実際にはそのような殺虫剤処理はなされない.

一方で, 屋外性でも発生源が限られる害虫の場合には, 少ない殺虫処理で根絶できる可能性がある. たとえば, 他地域から侵入してきたゴケグモや, 営巣し, テリトリーを有するスズメバチなどである. もっとも, これらは焼却, 捕殺, 巣の撤去など, 殺虫剤以外の方法でも根絶は可能であるので, 分布域, 密度, 作業のしやすさなどを考慮して方法を選択することになる.

虫の発育は一般的に, 幼虫期では狭い範囲に集合し, 成虫になると移動能力が高まって広範囲に分散することが多い. この傾向が強いハエ,

表8-3 害虫種別の殺虫剤感受性の比較（新庄ら2013を改変）

	成分	アカイエカ	イエバエ	チャバネゴキブリ
ピレスロイド系	ピレトリン	0.037	0.85	1.2
	フェノトリン	0.007	0.048	0.89
	エトフェンプロックス	0.013	0.042	0.23
有機リン系	ダイアジノン	0.016	0.091	0.39
	フェニトロチオン	0.00195	0.065	0.25
	プロペタンホス	0.012	0.088	0.43

微量滴下法によるLD_{50}値（μg/雌）

蚊，ノミ，ドクガなどでは，成虫期よりは，密集している幼虫期に対策を講じる方が，作業性や費用面で効率が高い．これらの衛生害虫は幼虫と成虫で生息空間が異なるので，幼虫対策と成虫対策があり，殺虫剤を用いる場合には異なる製剤を用いることが多い．これに対して，ゴキブリ，トコジラミ，多くのダニ類では幼虫，成虫が同所的に存在するので，発育期の区別なく対策を施す．

殺虫剤の条件

殺虫剤には人畜毒性，魚毒性，環境影響など，承認にあたってクリアしなければならない条件があるが，肝心の効力の面ではどのような指標があるか，おもなものをここで整理しておこう．

致死活性

虫に対する致死活性は表8-2や表8-3に示したようなLD_{50}（50％致死薬量：1つの害虫集団に殺虫剤を処理した時に，その集団の半数が致死する薬量）を用いる．この値が小さいほど殺虫力が強く，同一成分でも，この値は体の大きな種類に対しては大きく，小型種に対しては小さくなることが多い．ハエ成虫，蚊成虫，ゴキブリでは，微量滴下法という1個体ずつ殺虫溶液を処理する方法（口絵39）で，1個体当たりの処理量をLD_{50}値で求めることができるが，ボウフラや屋内塵性ダニ類のように水中や培地中に生息し，個体処理ができない場合には，水中や飼育培地中の濃度（LC_{50}：50％致死濃度）で表現する．

速効性

効き目の速さは，処理後の虫がノックダウン（仰転）するまでの時間であるKT_{50}（50％ノックダウン時間）で評価する．エアゾール剤や燻

煙剤など，対象害虫に成分を直撃させる製剤（エアゾールや揮散製剤）では，この値が小さい成分が配合される．最近のピレスロイド成分の中には，ゴキブリに噴霧後，数秒でノックダウンさせてしまうものがある．しかし成分によっては，ノックダウンは速いが，虫体内で解毒されて，その後，蘇生しやすいものがある．また，殺虫成分を食べさせて殺すベイト剤では，あまり速効的に作用すると，致死量を取り込む前に摂食を中断し，けっきょく，死なないことになる．十分な量を食べてもらうためには，摂食からノックダウンまで数日かかるような「遅効的」な成分を配合するので，必ずしも効きが速いばかりがよいわけではない．

残効性

殺虫剤処理後の効力の持続性を表す．地面や壁面に効果が残留するように塗布する液剤や粉剤などの製剤では，一般に残効性が長いが，蚊取り線香や燻煙剤のように空間に成分が拡散する剤型では，残効性は短い．ただし，残効性が長いからといっても，害虫が発生していない状況で予防的に殺虫剤を処理することはないので，害虫の生息状況を見て使用するのが正しい使い方である．なお，残留性とは散布後の成分が環境や生体内などで，分解せずに蓄積する性質で，有機塩素系殺虫剤のDDTやγ-BHCなどは環境への残留性が高い超安定的（＝難分解）な物質として知られる．これらの有機塩素剤は日本国内では使用されていないが，マラリア駆除の効果が再評価されるようになり，海外では復活の動きがある（WHO 2011）．

殺虫スペクトル

適用害虫の広さを示す性質を殺虫スペクトルという．有機リン系はさまざまな害虫や発育段階（卵，幼虫，成虫など）に効力を示すものが多いが，BT剤と呼ばれる細菌毒素による殺虫剤は，鱗翅目Lepidoptera（＝チョウ目）や双翅目Diptera（＝ハエ目）に効力を発揮する．野外では駆除対象の害虫の周辺に，駆除の必要のない生物や天敵がいる．これらを非標的生物という．特定の害虫種だけに効力を発揮できればよいが，殺虫剤は多かれ少なかれ，非標的生物に影響を与えてしまう．したがって殺虫剤使用に当たっては，対象害虫の生息環境や行動パターンから，できるだけ非標的生物への影響を抑えることが必要である．

虫を駆除するために虫を殖やす

　殺虫剤開発のためにはさまざまな効力評価試験が実施される．対象とする虫に対して，殺虫剤を処理し，ノックダウン時間や致死状況などを評価する．効力試験で使用する虫のことを供試虫というが，供試虫は対象種であれば何でもよいというわけではなく，殺虫剤に対する感受性が安定的な系統であることが必要である．私の研究室では40年以上にわたって累代飼育しているハエ，蚊，ゴキブリなどの系統がある．

　供試虫の系統化は，特定の地域からその虫を生け捕りしてくることから始まる．蚊であれば，浄化槽や公園の雨水桝などからボウフラをすくい取り，飼育して羽化させる．屋内塵性ダニ類ならば，掃除機でホコリごと捕集し，顕微鏡下で選り分ける．しかし，ここからが飼育の難しいところである．まず，実験動物用の餌などを与えて産卵させるが，狭い飼育容器内ではまったく産卵しなかったり，特定の個体ばかりが産卵してしまうことがほとんどである．少数の個体が卵を産んでも，次の世代以降，近親交配になってしまう．このため，親世代はできるだけ多くの個体を集める必要がある．

　ある地域の害虫の抵抗性状況を調べる場合には，このように継代して，個体数がある程度増えたところで，殺虫剤による感受性試験をおこない，予め感受性のわかっている系統と LD_{50} 値などを比較して抵抗性レベルを評価する．また抵抗性の系統を作るためには殺虫剤による淘汰をかける．飼育容器内から雌成虫を選定し，一定濃度の殺虫剤を処理する．そして生き残った個体のみを選抜して増殖させる．逆に，感受性の高い（薬剤がよく効く）系統を作出する場合には，予め次世代を産卵させておいてから殺虫処理し，致死個体の子孫だけを交配して増やしていく．こうして，見た目は区別がつかなくても，殺虫剤感受性の異なる系統が得られる．

　衛生害虫の場合，吸血しないと産卵・発育できない種類があることも飼育を困難にする要因である．人工吸血という方法が開発されているが，種類が限定され，まだまだ吸血効率は低い．このためヒトから直接吸血させなければならない種類もある（口絵40）．私の研究室ではさまざまな蚊，トコジラミ，イエダニなどの吸血性の個体群を飼育しているが，ハマダラカ，ブユ，アブ，アタマジラミ（口絵18），ツツガムシな

ど，まだまだ飼育方法が確立していない吸血性の種類が多い．吸血性種以外には，ムカデ，クモなどの捕食性や，ブユ，ユスリカなどの流水生息性の種類も飼育は困難である．こうした節足動物の系統保存は殺虫剤効力評価のための課題といえる．

殺虫剤が抱える宿命

　口絵40にあるコロモジラミ *Pedicula humanus humanus* は発疹チフスや塹壕熱の媒介能がある．日本では戦後の一時期，DDT粉剤が人体に散布されていたが，日本人の生活環境が向上してくると，こうしたシラミの存在は忘れ去られていった．しかし，コロモジラミに加え，アタマジラミ *Pediculus humanus capitis*（口絵18）が1990年代から，子どもやホームレスの人たちの間で増加し始めた（国立感染症研究所感染情報センター HP 2006）．このシラミ再興の要因の1つに殺虫剤抵抗性が考えられ，とくにアタマジラミについては，殺虫剤抵抗性頻度は沖縄県で高いことが報告されている（冨田ら 2012）．私の職場にも，都内の理容店業界から，お客さんの子どもの頭髪に寄生しているシラミが増えているという相談が寄せられている．現時点の日本で唯一，人体処理に適用されているフェノトリン（ピレスロイド系成分）のシャンプーは，以前は効いていたが，近年は効かないことが多くなっているという．代替策としては，シラミ取り専用の梳き櫛の活用や，シラミが掴まることができないように短髪にする方法があるが，フェノトリンに代わる新しい殺虫成分の開発が切望される．

　殺虫剤抵抗性はシラミに限らず，多くの衛生害虫で知られている．イエバエ *Musca domestica*（口絵14）は昔から全国的に駆除され，長期にわたり殺虫剤で淘汰されてきたことで，多少なりとも，耐性・抵抗性を示す．水田から発生するコガタアカイエカ *Culex tritaeniorhyncus*（口絵6）は，他の水田害虫が駆除される際の殺虫剤に曝されているうちに高い抵抗性をもつようになった．東日本大震災後に津波被災地各地で発生していたアカイエカの殺虫剤感受性を調査した結果，有機リン，ピレスロイド，昆虫成長制御剤に対して数倍〜20倍程度の抵抗性を示した（表8-4，橋本ら 2012）．どんなに効果の高い殺虫剤でも，使い続ければ，遅かれ早かれ抵抗性が出現する．殺虫剤抵抗性はある種の殺虫成分に対し

表 8-4 東日本大震災後に各地から採集したアカイエカ幼虫の殺虫剤感受性

採集地	LC$_{50}$（飼育系と比較した時の抵抗性比）		
	フェニトロチオン	エトフェンプロックス	ピリプロキシフェン
気仙沼	20.0 (1.8)	35.3 (4.2)	0.401 (3.7)
石巻	17.1 (1.6)	14.3 (1.7)	1.41 (13)
藤塚	7.19 (−)	15.2 (1.8)	1.78 (16)
新地	6.32 (−)	13.7 (1.6)	1.41 (13)
南相馬	21.9 (2.0)	40.8 (4.9)	0.650 (6.0)
飼育系（感受性）	10.9	8.31	0.108

LC$_{50}$値の単位は ppb（1ppb = 0.001ppm = 0.0000001％）

て低感受性（殺虫剤が効きにくい）の個体だけが残った結果，その抵抗性遺伝子を引き継ぐ子孫の割合が集団の中で高まることで起きてくる．このため殺虫剤を使い続ける現場では，作用性の異なる殺虫剤を定期的に切り替える「ローテーション使用」が推奨される．

またチャバネゴキブリ *Blattella germanica*（口絵 19）駆除の現場では，上記のような生理的な抵抗性以外に，ベイト剤に対する行動的抵抗性という現象が問題になっている．わが国のゴキブリ駆除では，かつての残留処理や空間処理に代わって，ゴキブリに食べさせて駆除するベイト剤の利用割合が高まっている．ゴキブリ用ベイト剤は 90％以上が，殺虫成分以外の餌であり，この部分の組成がゴキブリの「食いつき」に影響する．ベイト剤はゴキブリに食べてもらわないと効果が発揮されないが，ある駆除現場でよく食べられたベイト剤が，別の現場ではほとんど見向きもされず，結果的に駆除できないという事例が増えている．これはベイト剤中のグルコースなどの成分を食べないチャバネゴキブリが増えてきたことが要因と考えられている．図 8-4a はベイト剤処理によって生息密度が減少した飲食店舗であるが，同じベイト剤を異なる店舗で使用すると，図 8-4b のようにうまく減少しない店舗がある．ベイト剤はメーカーによって餌成分の組成が異なり，別の製剤では食いつきがよくなることもあるので，このような店舗では別のベイト剤への切り替えを検討すべきである．

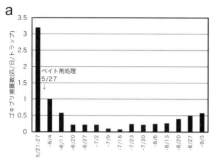
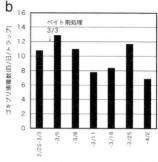

図 8-4 ベイト剤処理後のチャバネゴキブリ生息数の推移.a) ベイト剤処理が成功した店舗.処理翌週にはゴキブリ捕獲数が約 1.0 となり,7/16 にはもっとも捕獲数が少なくなった.その後,徐々に回復傾向が見られる.b) ベイト剤処理がうまくいかなかった店舗.処理前の生息密度が高いが,処理後約 1 か月を経過してもゴキブリの減少傾向は芳しくない.この店舗では処理したベイト剤がほとんど食べられていなかった.

ベクターコントロールと日本の状況

　顧みられない熱帯病(neglected tropical diseases, NTDs)と呼ばれる感染症がある.詳細は 10 章に譲るが,このなかには昆虫によって媒介される感染症がいくつかある.昆虫媒介感染症が蔓延している地域では,国内外のさまざまな団体からの資金的・技術的援助を受けて,媒介種の防除(ベクターコントロール)によって感染症制圧の取り組みがなされている.たとえば中米では,日本の国際協力機構(JICA)によるシャーガス病対策プロジェクトが 1991 年から実施されてきた.

　シャーガス病は,夜,人が寝ている時に,寝台の周囲や土壁の亀裂から出てきた吸血性のサシガメという虫に刺されて,病原体であるトリパノソーマ原虫が体内に侵入し,時間を経過して発症する.中米でベクターとなっているサシガメには,屋内にのみ生息する *Rhodnius prolixus* と,森林にも生息する *Triatoma dimidiata* の 2 種がいる(口絵 41).そのため対策目標は,前種は地域からの根絶,後種は屋内環境中の密度低下である.家の土壁や屋根をサシガメの潜みにくい構造にしたり,家畜を隔離飼育したりするなどの環境整備策も実施されているが,貧しい家ではそのような環境改善策をとることが難しい.そのため,行政主導で,各家屋の天井や壁に殺虫剤を噴霧処理したり,サシガメの発見情報を共有して注意喚起するなどの措置がとられている(図 8-5).ベクターコン

図 8-5 グアテマラのシャーガス病対策. a) サシガメの生息する室内. 寝台の横で鶏も同居. b) 土壁への殺虫剤処理. 土壁の改善ができない場合には壁面にピレスロイド系殺虫剤(デルタメスリン)を残留処理. c) 行政によるシャーガス病啓発活動. 行政担当官が絵を使って村民に教育.

トロールの成功例は世界的に見ても多くはないが, もっとも早くプロジェクトが始まったグアテマラでは, 2008年, *Rhodnius prolixus* による感染遮断の成功が国際的に認定された (Hashimoto et al. 2012).

このような公衆衛生に関する取り組みは, 個人による努力だけでは達成が難しく, 組織的に広範囲に実施する必要がある. 2014年に東京で発生したデング熱 (1章13頁参照) も NTDs の1つに挙げられているが, デング熱が常態化しているシンガポールや台湾などの国々では, 蚊対策として行政による殺虫剤散布が定例化し, ボウフラを発生させている家屋には罰金が科せられる法律まである.

翻って日本のベクター対応状況を見ると, どの地方自治体も職員や活動予算が減少し, 今や行政だけではベクター対応はできなくなっている. 殺虫剤散布だけがベクター対策ではないが, ウイルスをもった害虫が人の居住地域の近くにいる時には, なによりウイルス保有個体を緊急に駆除する必要がある. その点で殺虫剤散布に勝る戦術がないのが実情である. 行政による対応ばかりでなく, 一般市民の意識や協力態勢など, シンガポールや台湾などから学ぶべきことは多い. 日本の感染症対策では, 「危機管理は行政の義務, 危機予想・危機調査は研究者の義務, 危機意識をもつことは国民の義務」という言葉が知られている.

参考文献

Boyd E.M., I. Godi and M. Abel (1965) Acute oral toxicity of sucrose. *Toxicol. Appl. Pharmacol.* 7: 609-618.

FAO (2004) Nutrition Meetings Report Series No. 48A. Ethanol. http://www.inchem.org/

documents/jecfa/jecmono/v48aje18.htm

橋本知幸・秋山 順（2009）食塩水のアカイエカおよびヒトスジシマカに対する殺幼虫効果および産卵抑制効果. 衛生動物 60（大会特集号）：58.

橋本知幸・佐藤英毅・數間 亨・武藤敦彦・葛西真治・冨田隆史（2012）被災地から採集したイエバエ・アカイエカの殺虫剤感受性. 衛生動物 63（大会特集号）：40.

Hashimoto, K., H. Alvarez, J. Nakagawa, J. Juarez, C. Monroy, C. Cordon-Rosales and E. Gil (2012) Vector control intervention towards interruption of transmission of Chagas disease by *Rhodnius prolixus*, main vector in Guatemala. *Mem. Inst. Oswaldo Cruz, Rio de Janeiro* 107: 877-887.

国立感染症研究所感染情報センター（2006）感染症の話　シラミ症. http://idsc.nih.go.jp/idwr/kansen/k06/k06_26/k06_26.html

厚生省（1987）ねずみ・衛生害虫等駆除の意義. ねずみ・衛生害虫等駆除指導指針（居住環境の衛生害虫等駆除指針策定委員会（委員長 和田義人））. 日本環境衛生センター，川崎, pp. 7-10.

松中昭一（1998）新農薬学. ソフトサイエンス社, 東京. 167 pp.

新庄五朗・伊藤靖忠・水谷 澄（2013）薬剤概論. 改訂版住環境の害虫獣対策（緒方一喜ら編）. 日本環境衛生センター，川崎, pp. 237-304.

昭和化学製品安全データシート（2009）製品安全データシート. L-メントール. http://www.st.rim.or.jp/~shw/MSDS/13001130.pdf#search='%E3%83%A1%E3%83%B3%E3%83%88%E3%83%BC%E3%83%AB+%E6%AF%92%E6%80%A7+jetoc'

冨田隆史・葛西真治・駒形 修（2012）アタマジラミのピレスロイド系駆除剤抵抗性. 厚生労働科学研究費補助金. 平成 23 年度総括・分担研究報告書, pp. 161-165.

Tomlin, C.D.S. (2003) The Pesticide Manual, 13th ed. BCPC, UK, 1344 pp.

WHO (2011) The use of DDT in malaria vector control. WHO position statement. http://apps.who.int/iris/bitstream/10665/69945/1/WHO_HTM_GMP_2011_eng.pdf

9章
トコジラミの刺咬による健康被害とその対策

木村 悟朗

はじめに

 1970年頃以降,近代化とともに減少し,現代の日本ではまず被害にあう心配はないといわれていたトコジラミ *Cimex lectularius*(口絵17)が,今再び注目されている.欧米では2000年代初頭,わが国においても2006年頃から,ホテルや旅館,入浴施設などで発生事例が急増し,現在では一般家庭にも広がっている.しかしながら,つい最近までは珍しかったトコジラミについて,よく知らない人も多いだろう.ここでは,トコジラミの生態的特徴は勿論,被害や再興の要因,防除方法等について概説する.

トコジラミとは

 トコジラミは○○シラミという和名がつけられているが,アタマジラミ *Pediculus humanus capitis*(口絵18)やコロモジラミ *P. h. humanus*(口絵40右),ケジラミ *Pthirus pubis* は咀顎目 Psocodea(=カジリムシ目)であるのに対して,トコジラミは半翅目 Hemiptera(=カメムシ目)トコジラミ科 Cimicidae トコジラミ属 *Cimex* に属し,目レベルで分類が異なる.トコジラミはカメムシの仲間なので,臭腺を備えていて,かなり強いにおいを出し,漢字では「臭虫」と記される.ナンキンムシ(南京虫)は俗称であるが,この名称で認識している人も多いため,あえて俗称が使用されることがある.ナンキンムシの由来は諸説あるが,南京錠や南京豆などと同様に,「舶来」を意味し,南京が原産という意味ではないとされている.英名は bed bug で,まさに寝"床"=bed の"ム

図 9-1 トコジラミのオス成虫（左）と吸血したメス成虫（右）．

シ"＝bug である．これまで日本産トコジラミ類はトコジラミとコウモリトコジラミ *C. japonicas* の1属2種が知られており，とくに人血に依存するものがトコジラミである．トコジラミは全世界の人類居住域に分布するが，熱帯にはネッタイトコジラミ *C. hemipterus* が分布する．トコジラミとネッタイトコジラミはいずれも bed bag であるが，前者は common bed bug，後者は tropical bed bug と表記されることもある．ネッタイトコジラミの国内分布には諸説あったが，近年沖縄県から発見され，本種による被害も確認されるようになった（小松ら 2016）．この章では，国内に広く分布しているトコジラミに注目する．

トコジラミ成虫の体長は 5～8 mm，茶褐色で吸血前はひじょうに扁平であるが，吸血すると腹部が膨らみ，体長も長くなる（図 9-1）．翅は小さな前翅のみで後翅は退化して飛ぶことはできない．小さな体の割に歩行は速く，2 cm/秒である．卵は淡黄色で長径は 1 mm，一端に蓋をもち，孵化した幼虫は蓋を開けて出てくる．卵の抜け殻はそのまま残る．孵化直後の1齢幼虫の体長は 1.3 mm 前後で成虫と似た体形であるが，色は成虫と異なり淡黄色である．トコジラミは不完全変態であるから蛹の時期はなく，幼虫は5回の脱皮を経て成虫となる．25℃条件下における卵から成虫までの期間は約 40 日であるが，温度条件によってその期間は大きく変化する．成虫の寿命は長く，27℃条件下で 3～4 か月，

20℃程度では9〜18か月生存する．成虫の交尾は昆虫の中でもたいへん変わっており，雄はペニスを雌の腹部の第4節の窪みに突き刺し，体腔の血流を介して受精させる．こうした交尾行動は外傷性受精と呼ばれる．

　雌は1日当たり5〜6卵をほぼ毎日生み続け，一生の間の産卵数は500個ほどにもなる．幼虫は脱皮のため，雌成虫は産卵のため，雄成虫は精子を作り出すため，吸血が必要とされている．一方，トコジラミは飢餓に強く，吸血ができない状態でも22℃では平均135日，10℃では平均で1年以上も生存する（上村 1985，日本ペストコントロール協会 2010，トコジラミ研究会 2013）．

トコジラミの被害

健康被害

　半翅目の昆虫は，吸汁性口器をもつ．国外ではサシガメ類の一部に感染症を媒介する種が知られているが，トコジラミでは吸血による感染症の媒介は報告されておらず，刺咬吸血性の衛生害虫である．なお，衛生害虫とは，人体に衛生上の害を与える昆虫群のことで，定義は単純明快であるが，現実にはしばしば混乱がみられる．トコジラミは疾病を媒介する狭義の衛生害虫ではないが，法律上（医薬品医療機器等法，略して薬機法）の衛生害虫である．

　吸血の際に自覚症状を伴わないことが多いため，吸血に気づいていないことが多いが，吸血による最大の被害は痒みである．トコジラミ刺症によって生じる皮膚炎は，吸血の際に皮膚に注入される唾液腺物質に対するアレルギー反応であり，感作の程度によって症状が異なる．通常は遅延型アレルギー反応として症状が出現するため，吸血の2〜3日後に皮疹が現れることが多い．成虫の吸血時間は1回に7〜27分（平均約15分）で，吸血中の口器の刺し変え回数，および吸血する個体数によって皮疹の数が決まる．トコジラミに刺されると刺し口が2か所並ぶといわれるが，実験的に吸血させたところ1〜7か所までバラつくことが報告された．自宅の寝室にトコジラミが生息している場合は，連日吸血を受けるので日々新しい皮疹が出現する．痒みの原因となっているトコジラミを持参しないかぎり，皮膚科の専門医でも診断確定は困難である（夏秋 2011，トコジラミ研究会 2013）．

過去にトコジラミの吸血を受けた経験がない場合は感作が成立していないため，最初の吸血では皮疹は出現しない．先述のとおり，トコジラミは十数年前まではわが国では珍しかったため，トコジラミに刺されたことがない人が多い．このような人では，刺されても症状がすぐにでないことが，トコジラミの発見が遅れる原因の1つとなっている．筆者は飼育しているトコジラミを用いて実験的に吸血させたところ反応しなかったが，筆者の上司は2日後に反応が認められたため（口絵42），過去に吸血されていたことが初めてわかった（本人は過去に吸血された記憶がない）．

　一方，トコジラミに刺された経験がなくても，トコジラミが蔓延している宿泊施設の寝室などで初めて多数の吸血を受けると1～2週間は無症状であるが，その後は最初に刺された部位に多数の皮疹が現れることがある．これは，吸血から1～2週間で感作が成立し，吸血部位の皮膚内に残存する唾液腺物質に対して自然再燃反応が生じたものと考えられ，旅行中に吸血被害を受けた症例においてよくみられる現象である（夏秋2011，トコジラミ研究会2013）．

　最初は遅延型反応が現れていても，吸血が繰り返されるとしだいに即時型反応が現れるようになる．さらに吸血が繰り返されるといずれの反応も減弱して皮疹が現れなくなる減感作状態となる．トコジラミが蔓延する簡易宿泊施設では吸血されても皮疹が出現しない宿泊者がしばしばみられる．このような宿泊者の居室では痒みの被害がでることがないために積極的な防除がおこなわれず，施設内にトコジラミが増加する原因の1つとなっている．

　なお，トコジラミの宿主選択性は広く，ペット等の小動物からも吸血することがある（日本ペストコントロール協会2010，トコジラミ研究会2013）．

経済的被害

　トコジラミの被害は健康的な被害だけでなく，経済的な被害もある．2000年頃からトコジラミの再興が始まった米国においては，トコジラミの被害状況を把握できる便利なサイトがいくつか知られている（たとえば，The Bedbug Registry, Bed Bug Reports など）．ホテル宿泊者が刺咬被害を受けたホテル名，日時などを具体的にこれらのサイトへ報

告すると，それらが表示されるしくみとなっている．利用者には便利なサイトであるが，業界にとっては頭の痛い問題だろう．日本ではこのような情報サイトは見当たらないが，SNS等が広く普及しており，被害情報が公開されてしまえば企業イメージが低下する可能性がある．また，トコジラミ防除期間中は営業することができなかったり，販売客室が減ってしまうため，直接的な経済被害もある．

　米国の害虫管理企業（pest control operator, PCO）の報告では，トコジラミ被害を受けた宿泊者の58％が「そのホテルに2度と泊らない」，38％が「同系列のホテルにも泊らない」としている．トコジラミ被害に関する訴訟は国内外で知られている（日本ペストコントロール協会2010）．

　先述のとおり，トコジラミの被害はホテル等の宿泊施設にとどまらない．米国では有名な衣料品店でトコジラミが発見され，営業停止して徹底的な防除をおこなった事例が知られている．この事例では，店舗の対応が評価され，客数は減少せず，むしろイメージアップにつながったとされている．

日本におけるトコジラミの発生状況

　1970年代から2000年代初頭まで，わが国においてトコジラミ被害はほとんどなかった．トコジラミの被害状況を説明するために，東京都福祉保健局のデータ（東京都福祉保健局2016）がしばしば用いられる．これによると，2006年頃から相談件数は増加し始め，2009年には100件/年を超える数まで急増した．2012年には初めて300件/年を超え，2015年まで300件/年の状態が続いている．日本ペストコントロール協会は害虫相談件数のデータをまとめており，2009年度からはその他に含められていたトコジラミが，新たな項目として追加された（日本ペストコントロール協会2015）．2009年度の相談件数は138件/年であったが，2014年度には548件/年となり，およそ4倍になっている（図9-2）．

　日本ペストコントロール協会は，協会に加盟する全国のPCOに対してトコジラミの防除の実績について2012～2015年にアンケートを実施している（平尾2013，日本ペストコントロール協会2014，2015，2016）．その結果，いくつかの実績が明確ではない県があるものの，被害は日本

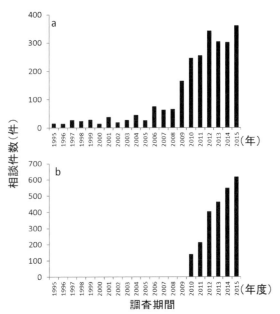

図9-2 トコジラミ相談件数の推移. a) 東京都福祉保健局, b) 日本ペストコントロール協会. データはそれぞれ東京都福祉保健局 (2016), 日本ペストコントロール協会 (2016) から引用.

全土に広がっていると考えられている.また,2015年度の害虫相談件数によると,東京都がもっとも多く189件/年,大阪府155件/年,神奈川県141件/年と続き(日本ペストコントロール協会2016),とくに大都市でよく見られる害虫になりつつある.

トコジラミの再興

　トコジラミは,文久年間(1861〜1964年)にオランダから買い入れた古船から上陸したものがもとといわれるが,1595年に刊行された『羅葡日辞書』にトコムシ:cimexとあり,南方との交流が頻繁だったこの頃,すでに日本へ入っていた(磯野2007).明治時代には兵営内で害虫化し(旧日本陸軍の部隊が鎮台と呼ばれたことにちなみ,当時は鎮台虫と呼ばれていた),その後一般家庭にも広がった.第二次世界大戦後被害はますます拡大したが,薬剤(有機塩素系・有機リン系殺虫剤)が普

及したことにより，被害は減少した（大森 1977）．1980 年代には，局地的な被害はあったものの，すでに過去の害虫となっていたようである．

トコジラミ再興の要因として，以下が指摘されている（Boase 2008）．
(1) 社会的・人的な要因：中古家具などの再利用の増加，トコジラミに関する認識の低下，宿泊環境の過密化による劣化，人の移住の増加，仕事や観光目的での人の移動の増加．
(2) 環境的な要因：住居の暖房と気密性の強化，地球温暖化．
(3) 害虫防除上の要因：害虫防除技術の誤った教育，家屋内害虫に対する殺虫剤処理法の変化，有効な殺虫剤の登録取り下げ，殺虫剤抵抗性．

これらのうち，殺虫剤抵抗性の問題で防除の成果が上がらない要因を除き，いずれの要因に関しても単独では急激なトコジラミ増加の原因とすることは難しいと推論されている．

トコジラミの防除と殺虫剤抵抗性の問題

総合的有害生物管理

有害生物の防除では総合的有害生物管理（integrated pest management, IPM）の概念が広く普及している（7 章参照）．環境衛生分野における IPM は，「建築物において考えられる有効・適切な技術を組み合わせて利用しながら，人の健康に対するリスクと環境への負荷を最小限にとどめるような方法で，環境基準を目標に有害生物を制御し，そのレベルを維持する有害生物の管理対策」と定義され，生息状況調査を重視した防除体系である（建築物環境衛生維持管理要領等検討委員会 2008）．IPM の重要な要素として，防除の目標を定める必要がある．この防除体系では，害虫による被害が許容できないレベルになることを避けることをめざしており，多くの害虫では生息密度がゼロになるような目標は定めない．これは，生息密度がゼロになることをめざすことによって，防除を請け負う側の経済的・精神的な負担が大きく，建築物の利用者にとっては過度の薬剤使用を招き，その弊害を受ける可能性が指摘されているためであり，標準的な目標水準を設定し，それをもとに管理することが妥当とされている（建築物環境衛生維持管理要領等検討委員会 2008）．しかしながら，トコジラミは幼虫・成虫ともに吸血をするために，少ない

密度でも吸血被害が発生することなどから,生息密度ゼロをめざすことが望ましいとされている(トコジラミ研究会 2013).目標達成を確認するためにも調査が必要であることから,IPM の概念に基づく防除は調査に始まり,調査に終わる.

調査

　調査すべき場所は,トコジラミの潜伏する寝具周辺の隙間は勿論,家具,家電や調度品等の隙間にも及ぶ.また,洋室と和室では床材(カーペットと畳),寝具(ベッドと畳の上の布団),家具(椅子・ソファーと座布団・座椅子)など,室内を構成する要素が大きく異なるので,それぞれで潜伏しやすい箇所の特徴を把握しておくことが必要となる.基本は目視による調査であるが,必要に応じてトラップを配置することがある.トラップは誘引源を併用するものとしないものに大別される.トラップを使用すると具体的な数値(捕獲数)が得られ,この数値を用いて 1 日・1 トラップ当たりの捕獲数(捕獲指数)を算出することもできる.さらに,防除前後の捕獲数(もしくは指数)の比較をおこなえば,選択した防除方法がうまくいっているか否かを判断することができる.ただし,この時,防除前後の調査は必ず同じ方法を用いなければならない.

　文章にすると極めて簡単な作業のように思えるが,実際の部屋からトコジラミをみつけることはかなり難しい.トコジラミは隙間に潜伏しており,1 齢幼虫は 1 mm 強である.高密度に生息していれば虫体は勿論,血糞や脱皮殻などの生息痕跡を見つけることができるが,1〜数個体しか生息していない状況ではかなりの時間と労力が必要となり見落とす可能性も高い.また,英名で booklice(本のシラミ)と呼ばれ屋内でふつうに見られるチャタテムシ類(吸血はしないが分類学上はシラミに近縁で,喘息のアレルゲンとなる)の体長も 1 mm 程度で,未吸血のトコジラミ 1 齢幼虫とよく似ているので注意が必要である(口絵 43).トラップに関しても精度が低いため,低密度ではさらに捕獲される可能性が下がるという問題がある.このように,IPM で重要な要素である調査の難易度が高いことがトコジラミ防除の特徴である.その他に,国内外のいくつかの PCO ではイヌを用いた調査(探知)をおこなっており,その有効性も報告されている.加えて,聞き取り調査はひじょうに重要で

あるが，かつてダニが社会問題になったときに認められたダニ・ノイローゼ（偽ダニ症）に近い事例もあるため，聞き取り調査のみで効果判定をすることは難しい（トコジラミ研究会 2013）．

殺虫剤を用いた防除と殺虫剤抵抗性

　建築物における有害生物の防除には環境的防除，物理的防除，および化学的防除の3つの選択肢がある．農業では天敵生物等を放つ生物的防除が用いられることもあるが，建物内には適さない．また，トコジラミは不潔が原因で発生するものではなく，人や物とともに持ち込まれるため，予防的な環境的対策も難しい．駆除を目的とした場合には，殺虫剤を使用する化学的防除が比較的安価で効率がよい．トコジラミへの効果を標榜する殺虫剤（薬機法の承認が必要）は，医薬品（薬局のみで販売可能）または防除用医薬部外品（ホームセンターなどでも購入可能）として販売されている．なお，殺虫剤ではないが，ディートを有効成分とする吸血昆虫用の忌避剤は，トコジラミに対して有効である．この忌避剤を侵入されたくない場所や衣類に処理することにより，侵入や付着を防止できる可能性も報告されている（橋本 2013，トコジラミ研究会 2013）．

　化学的防除を選択した場合，殺虫剤抵抗性が問題となることがある．現在，欧米諸国や日本に生息するトコジラミの多くが殺虫剤，とくにピレスロイド系殺虫剤に対する抵抗性を獲得していることが報告されており，これがトコジラミ再興の大きな要因と考えられている．日本国内で採集されたトコジラミに対するピレスロイド剤と有機リン剤の効果が調べられており，ピレスロイド剤についてはラベルに記載されている用法，用量どおりに使用しても，生き残る可能性が示された．一方，有機リン系やカーバメイト系の殺虫剤についてはピレスロイド抵抗性トコジラミに対しても，感受性系統とほぼ同様の殺虫効果が認められることが報告されている（トコジラミ研究会 2013）．

　以前は承認申請の際に，ゴキブリに対する効力が確認されていれば，トコジラミに対する効果も謳うことができた．その当時に承認された薬剤は，現在でもトコジラミへの効果を謳うことができるが，ピレスロイド抵抗性トコジラミに対して有効ではないものも多数含まれている．現

在はトコジラミでも効力試験がおこなわれるようになったが，感受性トコジラミに対する効果で承認が得られるため，薬剤を購入する際には，有効成分を確認する必要がある．なお，すでに国内には有機リン系殺虫剤に抵抗性を獲得した個体群が生息することも報告されている（トコジラミ研究会 2013）．今後，有機リン系殺虫剤の連続使用によって，抵抗性を発達させた個体群が増加する可能性があるため，作用点（13章参照）の異なる殺虫剤の開発または殺虫剤以外の駆除方法（物理的防除）が望まれている．

殺虫剤以外の防除

物理的防除として加熱，冷却，捕獲などは古くからおこなわれており（戸田 1931），近年はそれらに加えて吸引や寝具対策などもある．とくに，加熱は古典的な方法とは異なるが，化学的防除と併用して現在でもよくおこなわれている防除の1つである．具体的には家具や寝具などは加熱乾燥車をもちいて，それらに潜伏しているトコジラミを駆除している．また，スチーマーを用いた駆除も多用されている（図9-3）．一般的に，昆虫類は50℃以上の高温に暴露された場合，比較的すみやかに死亡するので乾燥車の防除効果は十分であると思われるが，具体的な効果については報告されていない．スチーマーのみによるトコジラミの防除が試みられているが，その効果はスチームが到達する部分に限定され，一時的である．化学物質過敏症などの問題で薬剤を併用できないために，スチーマー処理などの物理的防除のみで防除している国外の事例でも，完全な防除は不可能である．国外では室内全体を加熱する駆除も実施されている．国内における事例はきわめて少ないものの，その有効性が報告されている（トコジラミ研究会 2013）．

国外では，トコジラミの物理的防除として珪藻土やシリカなどの粉剤が使用されているが，国内ではほとんど普及してない．Doggett と Russell（2008）は珪藻土がトコジラミ成虫に及ぼす影響を調査しており，死亡率100％に達するまでの期間は $8\,g/m^2$ で9日間，$4\,g/m^2$ で13日間を要したことを報告している．木村ら（2013b）は，珪藻土と同様に天然鉱物であり防除剤として市販されている沸石（以下，ゼオライト）粉剤（図9-4）がピレスロイド抵抗性トコジラミに及ぼす影響を検討して

図9-3 スチーマーによる駆除．ノズル部はタオルで包み，毎秒数cmで動かす（日本ペストコントロール協会 2010）．

いる．5 g/m^2 で散布したゼオライト粉剤に強制接触させたところ，24時間後にピレスロイド抵抗性トコジラミの死亡率は100%になった（口絵44）．このことから，試験に使用されたゼオライト粉剤は珪藻土と比べて，トコジラミに対してきわめて高い殺虫効果を発揮することが示唆された．熱処理などの物理的防除はその処理時に直接曝露することが重要であるが，ゼオライト粉剤は散布しておくことにより残効性も期待できる．これら粉剤の作用機構は，微粉による昆虫の表皮，とくに環節間膜の擦過傷により体水分が減少して死亡すると考えられている．この粉剤はさまざまな昆虫類の駆除に有効であるが，高湿度下では粉剤が吸湿して殺虫効果が発現しない．たとえば家住性ゴキブリの多くは多湿の環境を好み，水も大量に摂取するため，実験的には有効であっても現実的には防除効果は期待できない．しかし，トコジラミが吸水しないことや生息環境にも水分が少ないという特徴は，粉剤の作用機構が有効に機能することを助けており，現実的にも防除効果が高い．

　トコジラミは寝具のみでなく，その周辺の電気スタンド，テレビ，パソコン，リモコン，ドレッサー，壁に掛けられた絵などにも潜伏する．それらに潜伏したトコジラミの防除に物理的・化学的防除が推奨されているが，いずれの手法でも対象を汚損する可能性がある．博物館や美術

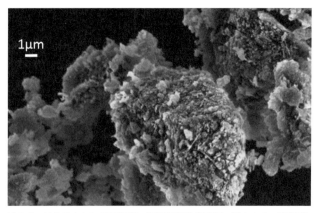

図9-4　ゼオライトのSEM画像（千葉県衛生研究所：橋本ルイコ氏原図）.

館では，資料等への薬剤影響，人と環境への配慮，およびIPMの観点から，不活性ガスを用いた低酸素による有害生物防除が導入されている．木村ら（2013a）は，文化財などで用いられている不活性ガス法がピレスロイド抵抗性トコジラミに及ぼす影響について検討し，酸素濃度1％以下に2週間暴露されたピレスロイド抵抗性トコジラミはすべて死亡したことを報告している．詳細な仰転時間や致死時間については今後の課題となっているが，低酸素曝露中に付着した血糞の数から，ピレスロイド抵抗性トコジラミは比較的短時間に仰転した可能性が高いことが指摘されている．有機リン系またはカーバメイト系殺虫剤はピレスロイド抵抗性トコジラミに有効であるが，殺虫剤は建具や家具などを汚損するのみでなく，化学物質過敏症の問題もある．低酸素による防除は，宿泊施設や病室などの家電や装飾品などに潜伏したトコジラミに対する防除への応用が期待される．

おわりに

IPMに基づく防除を成功させるためには，トコジラミの生態をよく理解する必要がある．2000年頃から欧米諸国ではトコジラミが再興し，トコジラミの生態や防除などに関する研究が盛んにおこなわれている．2012年12月6日にNHKでトコジラミの特集が放映され，その中で海

外の研究事情も紹介された．そこでは，すでにわが国で1980年代に発表されていたものとほぼ同様の知見（具体的には色の嗜好性と利用しやすい素材について）が最新の研究として取りあげられた．その後，これらの研究成果がトコジラミ用トラップに反映されるのだが，これらの情報はいずれも上村（1985）が『ペストコントロール図説 第I集』に日本語で解説した内容である．この知見が見落とされてしまった原因として，当時は日本でもすでにトコジラミが珍しいものとなっており，研究が積極的におこなわれておらず，これら成果が何度も引用されなかったために，広く普及しなかったことが考えられる．おそらく，国外では現在でも，この情報の存在すら知られていないだろう．上村（1985）が研究の成果をまとめなければ，後人もこれらの重要な情報を知ることはできなかったのだが，折角まとめるならば「書籍ではなく学術雑誌」に，「日本語ではなく英語」でということを，まざまざと思い知らされた出来事であった．本書は，昆虫科学の将来を担う若年層への好奇心を喚起するような読み物をめざしている．本章がその一助となり，将来国際的に活躍する読者が現れれば幸いである．

参考文献

Boase, C. J. (2008) Bed bugs (Hemiptera: Cimicidae): an evidence-based analysis of the current situation. In *Proceedings of the 6th International Conference on Urban Pests* (W. H. Robinson and D. Bajomi eds.). OOK-Press, Hungary, pp. 7-14.

Doggett, S.L. and R.C. Russell (2008) The resurgence of bed bugs, *Cimex* spp. (Hemiptera: Cimicidae) in Australia. In *Proceedings of the 6th International Conference on Urban Pests* (W. H. Robinson and D. Bajomi eds.). OOK-Press, Hungary, pp. 407-425.

橋本知幸（2013）ディートによるトコジラミの吸血行動の阻止効果．ペストロジー 28: 113-115.

平尾素一（2013）トコジラミアンケート調査結果について．ペストコントロール 162: 47.

磯野直秀（2007）明治前動物渡来年表．慶應義塾大学日吉紀要・自然科学 41: 35-66.

建築物環境衛生維持管理要領等検討委員会（2008）建築物における維持管理マニュアル 第6章 ねずみ等の防除．http://www.mhlw.go.jp/bunya/kenkou/seikatsu-eisei09/pdf/03g.pdf

木村悟朗・川越和四・富岡康浩・謝 林・春成常仁・長谷川利行・福田 尚・山崎一三・谷川 力（2013a）低酸素濃度環境がトコジラミ *Cimex lectularius* に及ぼす影響．都市有害生物管理 3: 23-25.

木村悟朗・富岡康浩・春成常仁・谷川 力（2013b）沸石粉剤がトコジラミ *Cimex lectularius* に及ぼす影響．都市有害生物管理 3: 27-29.

小松謙之・中村春美・藤井啓一（2016）沖縄県で生息が確認されたネッタイトコジラミ．衛生動物 67: 227-231.

夏秋 優（2011）トコジラミ刺症の臨床．*Pest Control TOKYO* 61: 16-20.
日本ペストコントロール協会（2010）トコジラミ技術資料集．日本ペストコントロール協会，東京．75 pp.
日本ペストコントロール協会（2014）平成 25 年度害虫相談件数集計報告．ペストコントロール 168: 53-57.
日本ペストコントロール協会（2015）平成 26 年度害虫相談件数集計報告．ペストコントロール 172: 43-47.
日本ペストコントロール協会（2016）平成 27 年度害虫相談件数集計報告．ペストコントロール 176: 33-37.
大森南三郎（1977）ナンキンムシとその駆除．生活と環境 22: 55-62.
戸田 亨（1931）南京虫の話（三）．家事と衛生 7: 17-19.
トコジラミ研究会（2013）トコジラミ読本．日本環境衛生センター，神奈川．149 pp.
東京都福祉保健局（2016）東京都におけるねずみ・衛生害虫等相談状況調査結果 1 吸血昆虫．http://www.fukushihoken.metro.tokyo.jp/kankyo/eisei/nezukon.files/01_kyuuketsu.pdf
上村 募（1985）トコジラミ．原色ペストロジー図説第 I 集（日本ペストコントロール協会編）．日本ペストコントロール協会，東京，pp. 8-1〜8-13.

10章
サシチョウバエの分類・同定とその対策

三條場 千寿

はじめに

　サシチョウバエという名前の昆虫をご存じだろうか．双翅目 Diptera（＝ハエ目）という2枚の翅をもつ昆虫のグループに属するチョウバエ科 Psychodidae，サシチョウバエ亜科 Phlebotominae の体長2〜3 mm程度の昆虫である．その小さな体は密集した細毛で覆われ，腹部の3倍も長いスレンダーな脚をもつ．そんな吹けば飛ぶような華奢な風貌のサシチョウバエだが、さまざまな病原体を運び、人に病気を引き起こす．たとえば，リーシュマニア原虫という単細胞の寄生虫を媒介しリーシュマニア症，サシチョウバエ熱と呼ばれるウイルスによる感染症，バルトネラ症（カリオン病）として知られる細菌による感染症などである．これら感染症が幸いにも国内で流行していないことから，日本でのサシチョウバエの知名度は低い．しかしながら，サシチョウバエの生息域は広く，北緯50度からオーストラリアを含む南緯40度にわたる（Killick-Kendrick 1999）．南米の熱帯雨林にもモンゴルのゴビ砂漠にも生息し，あらゆる環境に適応して生息している．もちろん、日本にも生息している（Sanjoba et al. 2011）．日本に生息するサシチョウバエがなんらかの感染症の媒介者となるか否かは，あとで述べるが，この章ではサシチョウバエとリーシュマニア症を例にとり，感染症を媒介する昆虫に対する対策としての分類・同定の重要性について紹介する．

サシチョウバエとリーシュマニア症

　リーシュマニア症は，WHO（World Health Organization, 世界保健機

関）が，シャーガス病，ハンセン病，住血吸虫症，狂犬病などとともに「顧みられない熱帯病（neglected tropical diseases, NTDs）」と定義している 17 の疾患の 1 つである．これら NTDs は，熱帯地域、貧困層を中心に世界 149 の国で蔓延し，感染者数は約 10 億人以上とされるが，これまで先進国から主要な疾患とみなされず充分な対策がとられてこなかったことから，「顧みられない熱帯病」と呼ばれている．本症の病原体となるリーシュマニア原虫は 20 種以上報告されているうえ，副作用の少ない有効な治療薬は限られており，いまだ有効なワクチンがない．症状は，皮膚型リーシュマニア症，内臓型リーシュマニア症，皮膚粘膜型リーシュマニア症と大きく 3 つのタイプに分けられる．皮膚型はもっとも感染者数が多く，顔や手足の露出している皮膚に丘疹，結節型の病変を呈し，致死的ではないが大きな潰瘍形成や（口絵 45），あるいは自然治癒しても一生消えることのない瘢痕が残る．内臓型リーシュマニア症はもっとも症状が重く，不規則な発熱，体重減少，肝脾腫，貧血などが特徴で治療しなければ死亡率が高い．皮膚粘膜型の場合は，皮膚および鼻腔・口腔粘膜に結節潰瘍を形成し，重篤な場合には鼻腔および口腔の欠損を生じる．世界で，毎年 2～3 万の人がリーシュマニア症により死亡しており，新規患者数は 90～130 万人と推定され，98 か国で報告されている感染症である（WHO 2016）．外務省によると日本が現在承認している国の数が 196 か国であるから，じつに世界の半数の国がこのリーシュマニア症に悩まされているわけである．

　このリーシュマニア症を媒介するのが吸血性のサシチョウバエ成虫の雌である．サシチョウバエは世界で 800 種ほど報告されているが，それらすべての種がこのリーシュマニア症を媒介するわけではない．リーシュマニア症の媒介種として重要視されているのは，アフリカ大陸，ユーラシア大陸を含む旧大陸においては *Phlebotomus* 属，新大陸においては *Lutzomyia* 属のサシチョウバエで合わせて 90 種ほどである（WHO 2016）．リーシュマニア症患者の血を吸った雌のサシチョウバエの中腸に病原体である原虫が入り増殖する（口絵 46）．そして，次の吸血時に人あるいは動物にこの病原体を伝播できるものが媒介種となる．たまたま患者の血を吸ったサシチョウバエでも，体の中で原虫を増殖できず媒介者とならないものもいる．サシチョウバエすべてが招かれない虫ではないのである．ゲームに攻略本があるように，リーシュマニア症を抑制

するためには，どのサシチョウバエ種が病原体であるリーシュマニア原虫を運ぶのか知ることが必要となってくる．国や地域の環境により生息するサシチョウバエの種はさまざまで，また，サシチョウバエも他の昆虫同様，種によって生態が異なる．そこで，地域ごとの本当の敵を知るためにサシチョウバエの種の同定が必要となってくる．

サシチョウバエの種の同定

　ある昆虫についてその学名を決定することを同定という．同定は目的の虫がすでに記録されている種と同じ種であるか，あるいはまったく記録されていないものであるかを類似種が記載されている文献を参照しておこなわれる（八木 1965）．少しでも生物学に興味のある方ならご存知だろうが，人によって発見された生物には学名という世界共通の名前がつけられる．日本に生息するサシチョウバエはニッポンサシチョウバエのみが知られており，本種は *Sergentomyia squamirostris* という学名をもつ．*Sergentomyia* という「属」の *squamirostris* という「種小名」である．これは二名法という表し方で，「分類学の父」と呼ばれるスウェーデンのリンネ（Carl von Linne 1707–1778）が，彼の大著，『自然の体系』（*Systema Naturae*）の第 10 版で 1758 年に提唱した．それまでは，生物名に国際的に共通した一定の形式がなかった．フランスの動物学者ブリソン（Mathurin-Jacques Brisson 1723–1806）は，ライオンを「尾の先端に房をもったネコ」と，トラを「長い黒斑をもった黄色のネコ」と呼んだ（今泉 1969）．なんともなぞなぞのような命名である．リンネが確立した二名法は，母国語の異なる研究者どうしが情報を交換するのに便利なだけでなく，昆虫のように同定に必要なポイントが多くある生物を研究の対象とする者にとってはたいへんありがたい．翅に斑はなく，吻に白帯はなく，脚の跗節（ふせつ）に白斑があり，胸部背面に縦筋があり，胸部背面前方に白色の縦筋が 1 本あり，翅の付け根の鱗片は白色で幅広の虫，なんて呼んでいてはいつまでも会話が終らない．

　サシチョウバエの同定には，遺伝子情報などを基にした分子生物学的同定法もあるが，ここでは基本である形態学的同定に的を絞る．サシチョウバエはその小ささゆえ肉眼で種の同定をすることはほぼ不可能で，肉眼でわかるのは雄か雌かくらいである．口絵 47 の雄と雌の違い

がわかるだろうか．腹部尾端にフックのような生殖器をもつ方が雄である．昆虫の分類に関する基本的な深い知識がなくても，「検索表」というものがあり，調べたい昆虫がどの属なのか，なんという種なのかを番号を追ってゆくと検索，同定できるようになっている．サシチョウバエの場合，生殖器，咽頭部，翅脈などの形態がおもに種の同定に重要なポイントである．これらの形態を観察するためには顕微鏡下で1個体ずつプレパラート標本を作製せねばならず，観察も顕微鏡下での作業となる．例として口絵47と同種のニッポンサシチョウバエの腹部尾端のプレパラート標本を口絵48に示す．肉眼では見えなかった詳細な形態が見えてくる．口絵48の矢印は壺のような形の受精嚢を示しているが，雌のサシチョウバエではこの受精嚢の形態が，「属」を決定するのに重要なポイントである．サンプルを透明化しないと見えてこないという難儀な作業である．国内にサシチョウバエの専門家がひじょうに少ないのは，このように，形態学的同定に専門的な技術と時間を要することも一因であろう．

　形態学的同定が複雑ゆえ，サシチョウバエの属，亜属，種の異同については盛んな議論がされているところであり，諸説存在するが，アフリカ大陸，ユーラシア大陸を含む旧大陸では *Phlebotomus* 属，*Sergentomyia* 属，*Chinius* 属の3属が知られている．旧世界のサシチョウバエを3属から7属に分けるべきだとの提唱もあるが，現在のところ世界的な合意には至っていない（Rispail and Leger 1998）．旧大陸ではリーシュマニア症の媒介種は *Phlebotomus* 属に限られていると考えられていた．*Phlebotomus* 属が哺乳類を吸血源とするのに対し，*Sergentomyia* 属は爬虫類や両生類などの冷血動物を吸血源とするため，哺乳類のリーシュマニア症の媒介種にはならないという考えだ．しかしながら，アフリカでは *Sergentomyia* 属が哺乳類も両生類も吸血することが知られている（Alder and Theodor 1957）．日本でサシチョウバエの研究が始まったきっかけも，*Sergentomyia* 属のニッポンサシチョウバエが人を吸血しにきて不快である，という理由であった（篠田 1951）．また，アフリカのケニヤやチュニジアでは皮膚型リーシュマニア症の原因病原体であるリーシュマニア原虫が，*Sergentomyia* 属から分離されている（Mutinga et al. 1994, Jaouadi et al. 2015）．トルコでもリーシュマニア原虫種の同定には至らなかったものの *Sergentomyia* 属から原虫を検

出している（Ozbel et al. 2016）．リーシュマニア症が日本にないことからも，ニッポンサシチョウバエがリーシュマニア症の媒介種となることは考えにくいが，可能性がまったくないとも断言できない．またウイルス媒介能についても今のところ未知である．ニッポンサシチョウバエはヒキガエル寄生のトリパノソーマ属原虫 *Trypanosoma bocagei* の媒介種であることが知られている（Alder et al. 1957）．またカナヘビ寄生のマラリア原虫 *Plasmodium sasai* の媒介種である可能性も示唆されているが（宮田 1979），この分野の研究もまだ手つかずである．

リーシュマニア症に対するベクターコントロール

　リーシュマニア症のように昆虫が媒介する感染症の場合，その昆虫に刺されないことが重要である．媒介昆虫（ベクター）とヒトとの接触を遮断する，あるいはベクターを減少させることにより感染拡大の防止をめざすことを「ベクターコントロール」という．リーシュマニア症は，患者との接触や飛沫などによる直接感染はないため，ベクターコントロールが本症の対策に有効に機能する．

　サシチョウバエの自然界における産卵場所については，じつはあまりよくわかっていない．蚊の幼虫は水に生息することがわかっているから，種によって好む水場，生息環境は異なるものの，幼虫に対するベクターコントロールも可能である．しかし，サシチョウバエの幼虫は陸に生息するため，気温や湿度等の条件が整えばどこでも繁殖可能と考えられ，幼虫をターゲットとしたコントロールは現実的ではない．それゆえリーシュマニア症に対するベクターコントロールは成虫をターゲットとしており，おもにおこなわれているのは，屋内の壁面に残効性のある殺虫剤をスプレーするという室内残留噴霧（indoor residual spraying, IRS）である．この方法は，即効性があるため，リーシュマニア症の流行がみられた場合に，地域の家屋全体に室内残留噴霧を施すことにより，その地域におけるサシチョウバエの数を激減させることができる．しかしながら，壁面の素材により残効性に差があること，また殺虫効果が長く続かないため年に1回から2回噴霧しなおす必要がある．さらに，噴霧器を使用して殺虫剤をスプレーするという作業のため，携わるスタッフに正しい噴霧法、殺虫剤の安全な取り扱いを教育する必要がある．廃液の処

理にも注意を徹底しなければならない．

そこで，近年，長期残効型蚊帳（long-lasting insecticidal net，LLIN）なるものが登場した（口絵 49E, 12 章 174 頁参照）．これは殺虫剤をコーティング，あるいは練りこんだ繊維で作られた蚊帳で，蚊が媒介するマラリアのコントロールではすでに実績のある方法である．今，日本では蚊帳を知らない，見たことがないという学生がたくさんおり，蚊取り線香や蚊帳はもはや夏の風物詩ではないのは事実である．蚊帳とは，蚊などの飛翔昆虫は通さず風は通す網製のテントのようなもので，部屋の中につるして使用する（図 10-1）．スタジオジブリのアニメ映画「となりのトトロ」で，サツキとメイが赤で縁どられた緑色の大きな網の中で寝ていた，あれである．従来の蚊帳は，物理的に人と飛翔昆虫の接触を遮断するものであるが，長期残効型蚊帳は，物理的遮断のみならず蚊帳に接触した害虫をノックダウンあるいは殺虫することができる．デルタメトリンやペルメトリン，アルファシペルメトリンといった薬剤を処理した蚊帳が，製造販売されているが，これら長期残効型蚊帳が実際のリーシュマニア症流行国でどのくらい患者数の減少に貢献できるかの有用性の評価は始まったばかりである．

バングラデシュにおけるリーシュマニア症とサシチョウバエ対策

バングラデシュにおけるリーシュマニア症とベクターコントロールの試みを紹介しよう．バングラデシュは，もっとも重篤な内臓型リーシュマニア症の流行地で，少なくとも年間 5 万人の新規発症患者がいると考えられている．本症が多いのは首都ダッカよりいくぶん北に離れた農村である．そこでの人々は土や藁で作られた家に住み，稼ぎの多い人々はトタンの家に住んでいる．電気が通っていても，冷蔵庫やテレビなどの電化製品は各家庭になく，あっても蒸すような暑さをしのぐファンくらいである．熱が出ても病気になっても，遠く離れた町にある病院へ行くことが難しい人たちもいる．そこで，日本が地球規模課題対応国際科学技術協力事業，通称サトレップス（SATREPS [1]）のプロジェクトの 1 つとして，バングラデシュにおけるリーシュマニア症の制御に協力することとなった[2]．

リーシュマニア症はヒトだけではなく，齧歯目 Rodentia（＝ネズミ

目）やイヌ科の動物などにも感染する人獣共通感染症である．寄生生物に寄生される側の動物を宿主というが，寄生虫感染においてヒト以外の宿主を保虫宿主と呼ぶ．たとえば，中央アジアではスナネズミが，地中海沿岸ではイヌが皮膚型リーシュマニア症の保虫宿主として本症対策の対象となっている．地域により関わってくる動物種やサシチョウバエ種，またその組み合わせも異なるので，なんとも複雑でやっかいな感染症である．しかも，本症の流行国でありながら媒介するサシチョウバエ種が同定されていない地域や保虫宿主の有無がわからない地域もある．バングラデシュがまさにそうである．同じく内臓型リーシュマニア症が蔓延している隣国インドでは，*Phlebotomus argentipes* が媒介種として報告されているため，バングラデシュでも *P. aregentipes* であろうと推測されているがいまだ確たる証拠はない．病原体であるリーシュマニア原虫がサシチョウバエから見つかっていない．敵が漠然としかわからないのである．サシチョウバエの種を同定し，生態を把握することは，その地域でもっとも効果的なベクターコントロール法を決定するために重要である．たとえば，吸血および産卵を屋外でおこなうことを好む種の場合は室内残留噴霧の効果は期待できないが，屋内での吸血，産卵を好む種の場合はその効果が期待できる．サシチョウバエがどの動物の血を好むかという嗜好性もコントロール法に関わってくる．1日のうち，どの時間帯にサシチョウバエが活発に吸血活動をするのか，そしてその時，そこに住む人々は何をしているか，考慮すべき因子は多くある．*P. aregentipes* が吸血行動をするのは午後9時から午前1時の間で，もっとも活動的になるが午後11時から12時との報告がある（Gidwani et al. 2011）．

プロジェクトでは，バングラデシュでの媒介種の同定，そしてその生態を調査すると同時に，住友化学（株）に協力してもらい内臓型リーシュマニア症の患者の多い地域に，おおよそ3,000張の長期残効型蚊帳，オリセット®プラスを2014年の夏，配布した（図10-1）．オリセット®プラスは，ペルメトリンという薬剤を含有する樹脂繊維をネット状に編んだ防虫蚊帳で，ペルメトリンが長期間にわたって糸表面へ浸みだすよう工夫されたオリセット®ネット（伊藤ら 2006）をさらに改良し，共力剤であるピペロニルブトキシド（PBO）を添加したものだ．PBOはピレスロイド系殺虫剤を解毒する酸化酵素の働きを阻害することにより薬

図 10-1　バングラデシュの内臓型リーシュマニア症流行地に配布した長期残効型蚊帳．

剤の効力を増強する効果をもつ（大橋・庄野 2015）．オリセット®プラスのサシチョウバエに対する殺虫効果は実験的に確認している．現地での長期残効型蚊帳のリーシュマニア症抑制に対する効果については長期的観察が必要だが，現在のところ他国で問題となっているような配布した蚊帳の転売はなく，配布蚊帳の使用率は 100％で，住民は就寝中に虫に悩まされなくなったと喜んでいる．住民が受け入れやすく，持続可能でコスト効率の良いコントロール法を選択するのも重要な要素である．もちろん，ベクターコントロール 1 つでリーシュマニア症を撲滅するのは難しく，住民への感染症予防についての教育，早期診断法の確立やより副作用の少ない治療薬やワクチン開発などとの連携プレーが大切で，今現在もさまざまな分野の研究者がリーシュマニア症に苦しむ人たちのために戦っている．

*1　サトレップス（SATREPS）とは，国立研究開発法人科学技術振興機構（JST）と独立行政法人国際協力機構（JICA）が共同で実施している，一国や一地域だけで解決することが困難であり，国際社会が共同で取り組むことが求められている課題の解決と将来的な社会実装に向けて日本と開発途上国の研究者が共同で研究を行う 3〜5 年間の研究プログラムである（科学技術振興機構 2016）．
*2　「顧みられない熱帯病対策〜とくにカラザールの診断体制の確立・ベクター対策研究〜」（研究代表者：東京大学医学部付属病院・野入英世）

参考文献

Adler, S. and O. Theodor (1957) Transmission of disease agents by phlebotomine sandflies. *Annu. Rev. Entomol.* 2: 203-226.

Gidwani, K., A. Picado, S. Rijal, S.P. Singh, L. Roy, V. Volfova, E.W. Andersen, S. Uranw, B. Ostyn, M. Sudarshan, J. Chakravarty, P. Volf, S. Sundar, M. Boelaert and M.E. Rogers (2011) Serological markers of sand fly exposure to evaluate insecticidal nets against visceral leishmaniasis in India and Nepal: a cluster-randomized trial. *PLoS Negl. Trop. Dis.* 5: e1296.

今泉吉典（1969）動物の分類―理論と実際―（改訂3版）．第一法規出版，東京．362 pp.

伊藤高明・奥野 武（2006）マラリア防除用資材オリセットネットの開発．住友化学：技術雑誌 2006-II: 4-11.

科学技術振興機構（2016）SATREPについて．https://www.jst.go.jp/global/about.html

Jaouadi, K., W. Ghawar, S. Salem, M. Gharbi, J. Bettaieb, R. Yazidi, M. Harrabi, O. Hamarsheh amd A. Ben Salah (2015) First report of naturally infected *Sergentomyia minuta* with *Leishmania* major in Tunisia. *Parasit. Vectors* 8: 649.

Killick-Kendrick, R. (1999) The biology and control of phlebotomine sand flies. *Clin. Dermatol.* 17: 279-289.

宮田 彬（1979）寄生原生動物―その分類・生態・進化―（長崎大学熱帯医学研究所業績814号）．寄生原生動物刊行会，長崎．1906 pp.

Mutinga, M.J., N.N. Massamba, M. Basimike, C.C. Kamau, F.A. Amimo, A.E. Onyido, D.M. Omongo, F.M. Kyai and D.W. Wachira (1994) Cutaneous leishmaniasis in Kenya: *Sergentomyia garnhami* (Diptera, Psychodidae), a possible vector of *Leishmania major* in Kitui District: a new focus of the disease. *East Afr. Med. J.* 71: 424-428.

大橋和典・庄野美徳（2015）昆虫媒介性感染症対策への取り組みと研究開発―マラリア，デング熱を中心として―．住友化学：技術誌 2015: 1-14.

Ozbel, Y., M. Karakus, S.K. Arserim, S.O. Kalkan and S. Toz (2016) Molecular detection and identification of *Leishmania* spp. in naturally infected *Phlebotomus tobbi* and *Sergentomyia dentate* in a focus of human and canine leishmaniasis in western Turkey. *Acta Tropica* 155: 89-94.

Rispail, P. and N. Leger (1998) Numerical taxonomy of Old World Phlebotominae (Diptera: Psychodidae). 2. Restatement of classification upon subgeneric morphological characters. *Mem. Inst. Oswaldo. Cruz, Rio de Janeiro* 93: 787-793.

Sanjoba, C., Y. Özbel, M. Asada, Y. Osada, S. Gantuya and Y. Matsumoto (2011) Recent collections of *Sergentomyia squamirostris* (Diptera: Psychodidae) in Japan, with descriptions and illustrations. *Med. Entomol. Zool.* 62: 71-77.

篠田 統（1951）京都市に於けるサシチョウバエの分布と生態．防虫科学 16: 141-143.

八木誠政（1965）昆虫学本論．養賢堂，東京．467pp.

WHO (2016) Leishmaniasis. http://www.who.int/mediacentre/factsheets/fs375/en/

コラム5
分析ツールとしてのDNAバーコーディングの可能性

比嘉 由紀子

　人は見た目よりも中身が大切である，などという話をよく聞く．ところが，疾病媒介動物の代表格である蚊に関していえば，見た目（形態）がとても重要である．見た目の良し悪しでその後の扱いがだいぶ変わってくるからだ．筆者は，蚊の形態から種の名前を明らかにし，複数の蚊種の形態の違いを比較する研究をおこなっている．この研究を始めるまでは，ふだん，自分の血を吸いに蚊がやってくると，躊躇なく，パシっとつぶしていた．おそらく，ほとんどの人がそうであろう．ところが，蚊の研究を始めてみたらどうだろう．蚊の体表面には美しい鱗片がたくさんついていて，いろんな色をしている．鱗片が作り出すその模様の1つひとつが種ごとに違っていて，じつに美しい．黒と白の縞々模様がある蚊，身体がメタリックブルー，ゴールドやシルバーに光り輝く蚊，本当にきれいである．初めて実体顕微鏡を覗いた時の感動は今でも忘れられない．ところが，悲しいかな，蚊はひじょうに小さく，扱いを間違うと，その美しい鱗片は取れてしまうことが多い．蚊の種名は，形態で判断するのが一般的であるから，形態的にダメージを受けた蚊は，種の特徴を損なってしまい，名前を特定してもらえなくなってしまう．しかし，そんな見た目の悪い蚊でも遺伝子の塩基配列の違いから，種を特定する（種同定），そんな夢のようなことが現実的になってきた．

　スーパーの商品に付いている複数の縦長の線であらわされるバーコードは，読み取り機と併用して使うことで，データベースにアクセスし，瞬時に商品情報取得を実現することを可能にした画期的なものである．そのシステムになぞらえて，地球上の生物種の種同定を，ある特定部位の遺伝情報をもとにおこなうことをDNAバーコーディングと呼んでいる．種名が不明な標本の塩基配列と，世界共通の遺伝子データベース上のどの生物種の塩基配列と相同であるのかを比較しながら種同定をおこなうのである．筆者が大学生の頃（1990年代）の種同定法といえば，形態観察によるもの，体内酵素のタイプ分けによる生化学的な方法，ランダムに増幅した遺伝子の長さのパターンの違いをみる方法などがあったが，再現性や一研究室でおこなうにはコストがかかる等の問題で，日常的に使用するのは，形態観察が主であった．新種の記載は形態をもとにおこなわれ，いまでも，それが重要であることには変わりなく，筆者も形態による種同定がゴールデンスタンダードだと思っている．しかし，形態は特徴が損なわれると，とくに研究を始めたば

かりの人には，とたんに観察するべき身体の部位がわからなくなるし，同一種でも形態には種内変異があり，発育段階によって形態が異なるため，正確な同定は知識と長年にわたる経験がないと難しい．これらの理由で，種同定は研究の第一歩であるにも関わらず，敷居が高いイメージがあるように思う．遺伝情報は一生をつうじて変化しないので，DNAバーコーディングを用いることで，どの発育段階の標本を用いても種同定が可能となる．これまでも遺伝子を利用した種同定法はいくつかあったが，この方法のすぐれたところは，何億もの塩基からなる遺伝子の中から，さまざまな生物種に広く応用できるわずか数百塩基を利用して種同定をおこなうところである．それが，日本にある多くの研究室で日常的におこなえるというのであるから，利用しない手はない．では，正確な種同定ができるとどういう利点があるのかをご紹介しよう．

ある地域で病気が流行した場合，真っ先におこなうのはもちろん人の治療であるが，同時並行で流行の原因を突き止める必要がある．それが蚊媒介感染症であれば，地域にいる多くの蚊の中から病原体を媒介している種を速やかに特定しなければならない．蚊によってその生態がさまざまであるため，種に応じた対策が必要不可欠となるからだ．人の生死にかかわるような事態に陥った時に，調べようとしている蚊がつぶれたりして状態が悪いために形態の観察からは種の特定ができないことも起こる．目的の蚊の種が特定できれば，その蚊の活動時間や休止場所に合わせて薬剤を効率よく散布できるし，その幼虫（ボウフラ）が好む発生源を重点的に除去できる．しかし，対象とすべき種がわかっていなければ，効率の悪さから対策が遅れ，多くの人々の健康を損なうことになりかねない．そのため，どんな状態の標本でも確実に種同定ができることはとても大切である．種同定だけではない．DNAバーコーディングで解析することで形態だけでは1種だと思われてきたものに隠れた新種が存在していることもわかるので，研究の可能性が広がる．

いいことずくめのDNAバーコーディングであるが，問題もある．1つ目は，この方法は，データベースと手持ちの標本の遺伝子塩基配列の相同性を見ることで種同定をおこなうため，データベースにできるだけ多くの種の遺伝情報が登録されている必要がある．研究者人口が多く，情報の多い分類群には有用であるが，そうではない分類群では登録数が少なく種同定にすぐには使えない．日本では，最近，琉球列島の蚊に関するミトコンドリアDNAのCOI（チトクロームオキシダーゼサブユニットI）という部分の遺伝情報をもとにしたDNAバーコーディングによる標本整理がおこなわれたのをきっかけに（Taira et al. 2012），国内各地の標本においても徐々にデータベースの整備が整いつつある（前川ら 2016）．2つ目は，コ

ストと時間がかかることである．個々の研究室レベルで実験がおこなえ，手軽になったとはいえ，1サンプルあたり千円単位のコストがかかる．また，DNA抽出から塩基配列決定まで丸1日はかかる．形態による種同定の場合，専門家であれば，最短で1個体あたり5分も要しないだろう．したがって，調査で採集したすべての標本の種同定にDNAバーコーディングを使うのは現実問題としては難しい．まずは形態による種同定をおこない，形態だけで判別できない標本に対してDNAバーコーディングを利用する，といった工夫が必要である．3つ目は，データベース上の塩基配列が誤同定による間違った種名で登録されている可能性があることである．データベースに遺伝情報を登録する際には，形態に基づいた有効な種名とともに登録する必要があるため，最初の同定が間違っている場合，自身のサンプルのDNAバーコーディングによる種同定も間違う可能性がある．このようなことから，じつは遺伝情報だけを根拠にした種同定はたいへん危険な一面もある．

　以上，DNAバーコーディングは画期的な方法ではあるが，基礎的な形態分類学的な研究があって初めて活かされる方法であるといえる．常に，形態・生態情報とDNAバーコーディングの結果を照らし合わせて最終判断をすることが必要不可欠である．DNAバーコーディングを用いたこれからの研究の可能性は無限大である．基礎的な形態分類学をはじめ，最新の方法を知ることによって，読者に疾病媒介動物の研究に興味をもってもらえたら，筆者の喜びである．

参考文献

Taira, K., T. Toma, M. Tamashiro and I. Miyagi (2012) DNA barcoding for identification of mosquitoes (Diptera: Culicidae) from the Ryukyu Archipelago, Japan. *Med. Entomol. Zool.* 63: 289–306.

前川芳秀・小川浩平・駒形 修・津田良夫・沢辺京子（2016）日本産蚊の分子生物学的種同定のためのDNAバーコードの整備．*Med. Entomol. Zool.* 67: 183–198.

11章
感染症流行の数理的研究

高須 夫悟

はじめに

　感染症を引き起こす病原体の特定や感染経路の解明は，いわゆる生物学や医学の分野で古くからおこなわれてきた．感染症は多くの場合，ヒトの健康を損なうものであるため，感染症の発症と流行のメカニズムの解明ならびに流行防止のための対策は，単に学術的な興味のみならず，実用的な価値をもつ．他章でも詳しく説明されているように，招かれない虫たちが媒介する感染症についても多くの知見が得られつつある．

　感染症の流行とは，感染症患者の数が増えてゆくことに他ならない．感染症にかかった患者はやがては回復（運が悪ければ死亡）するので，回復する患者よりも新規に感染する患者が多ければ，患者の数が増えて感染症が流行することになる．逆に，新規感染者よりも回復者が多ければ，感染症は終息することになる．

　人間を含め，生物集団一般の個体数の時間変化を個体群動態と呼ぶ．感染症の流行は感染患者数の個体群動態として捉えることができる．この章では，感染症の流行の数理的研究について紹介する．数理的研究とは，研究対象を抽象化して数理モデルとして記述し，モデル解析をつうじて対象をよりよく理解することを試みる研究である．感染症の数理的研究では，患者数がどのように変化するのかを数理モデルとして記述して解析することになる．一見何も関係なさそうに思われる「感染症」と「数理」のつながりを知ってもらうことがこの章の目的である．

　最初に，感染症の数理モデルで用いられる基本的な考えを説明し，良く用いられる数理モデルを紹介する．次に，これらのモデルを媒介者を介した感染症流行モデルに拡張し，最後に実際の感染症の流行への応用

などについて述べる．

感染症の数理モデルの基本的な考え

　感染症の数理モデルの基本は，対象となる宿主集団（たとえば人間集団）を感染状態に応じて幾つかの小集団に分割し，各集団の個体群動態を微分方程式などの数式を用いて記述することにある．もっとも単純なモデルとして，感受性集団 S（susceptible：未感染で今後感染しうる人たちの集団）と感染集団 I（infectious：感染状態にあり，感受性集団を感染させうる人たちの集団）の2つの小集団に注目するモデルがある．頭文字をとって SIS モデルと呼ばれるこのモデルでは，感染から回復すると再び感染可能な感受性集団に戻ることが仮定されており，感染が免疫を付与しない感染症に用いられる．

　これに対して，一度感染して回復すると免疫を獲得して再感染が起こらない感染症の場合，感受性集団 S と感染集団 I に加えて，免疫保持集団 R（recovered：感染から回復して免疫を獲得した人たちの集団）の3つの小集団に注目することになる．このモデルは SIR モデルと呼ばれ，感染症流行の古典的数理モデルとして知られている（Kermack and McKendrick 1927）．

　また，潜伏期，つまり感染しているものの発症せず，感受性集団を感染させることができない期間をもつ感染症の場合，潜伏期集団 E（exposed：潜伏期にある感染者の集団）を新たに設けた SEIR モデルが考えられる．

　このように，感染症の数理モデルの基本は，各状態にある小集団の個体群動態をコンパートメントモデルとして記述することにある．コンパートメント compartment は直訳すれば「箱」の意味で，系全体を幾つかの「箱」（小集団）に分割し，各小集団間で起こる移出・移入を考慮して，各小集団の集団サイズの時間変化を記述するのである．

　多くの感染症は，感染，発症，回復（免疫獲得）といった感染状態の変化が数日から数週間の時間スケールで起こる．これに対し，各個体が子どもを産んだり死亡する時間スケールは通常，感染状態の変化が起こる時間スケールよりもずっと大きいため（人間の場合，数十年），感染症流行のモデルでは，個体の出生・死亡を無視する場合が多い．

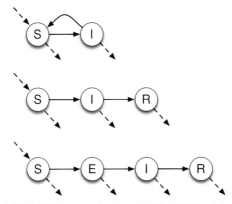

図 11-1 感染症流行を記述するコンパートメントモデルの概略．上から SIS, SIR, SEIR モデル．感染状態の変化を実線矢印で，出生・死亡による変化を破線矢印で示す．これらの変化を各小集団の集団サイズで表し，微分方程式などの数式を用いて記述することが感染症流行の数理モデリングとなる．

しかし，感染が死をもたらす致命的な感染症や，潜伏期が数年にわたるなど出生・死亡の効果を無視できない，あるいは，母子感染（または垂直感染）が起こるような感染症の場合，出生・死亡を考慮したモデルをたてる必要がある．

感染症の数理モデルをコンパートメントモデルとして記述する概略を図 11-1 に示す．

SIS モデル

感染は感染個体が感受性個体と接触することによって起こる．両者が出会う率は両者の集団サイズの積に比例すると考えられる．また，感染個体は一定の率で回復し，再び感染可能な感受性個体となる．これらを仮定した SIS モデルは，感受性集団 S と感染集団 I の集団サイズに関する次の微分方程式で表される．

$$\frac{dS}{dt} = -\beta SI + \gamma I$$
$$\frac{dI}{dt} = \beta SI - \gamma I$$

ここで，パラメータ β は感染率，γ は回復率を表す．出生と死亡を無視

しているので，総集団サイズ $N = S(t) + I(t)$ は初期値 $S(0), I(0)$ で決まる定数である．

この微分方程式から，時間 t の関数としての S と I を求めることがモデルを解くことになる．左辺の微分は集団サイズの時間変化率を表し，正であれば増加，負であれば減少，ゼロであれば増えも減りもしない状態を表す．図 11-1 の SIS モデルの概略から，感受性集団は率 βSI で感染して感染集団へ移行し，感染集団は率 γI で感受性集団に移行することから SIS モデルが導かれる．

総集団サイズ N は時間に依存しない定数なので，$S(t) = N - I(t)$ を式に代入することで，SIS モデルは 1 変数のモデル

$$\frac{dI}{dt} = \beta(N-I)I - \gamma I = (\beta N - \gamma)\left(1 - \frac{I}{(\beta N - \gamma)/\beta}\right)I$$

に帰着される．このモデルを $I(t)$ について解くと，$\beta N - \gamma > 0$ の時，感染集団サイズは平衡状態 $I^* = (\beta N - \gamma)/\beta > 0$ に収束し（感染症が常態化する状態），逆に，$\beta N - \gamma < 0$ の時，感染集団サイズは平衡状態 $I^* = 0$ に収束する（感染症の流行は起こらない）ことがわかる．このモデルは内的自然増加率が $\beta N - \gamma$，環境収容力が $(\beta N - \gamma)/\beta$ のロジスティック成長モデルでもある．ロジスティック成長モデルは集団サイズが小さいときは内的自然増加率で指数的に増加するが，集団サイズの増加とともに増加率が低下し，最終的には環境収容力に収束する個体群動態の基礎モデルである．

感染症が常態化する・しないは，$\beta N - \gamma$ の符号に依存し，この条件を書き換えると $R_0 = N\beta/\gamma$ が 1 より大きい・小さいとなる．初期の感染集団の集団サイズはきわめて小さいと考えられるので，総集団サイズは初期感受性集団サイズにほぼ等しいと考えられる（$N \approx S(0), I(0) \ll 1$）．図 11-2 に SIS モデルの数値解と平衡状態における感染集団サイズ I^* と R_0 との関係をグラフに示す．

R_0 は基本再生産数と呼ばれる重要な指標であり，生物学的には，1 人の感染者が引き起こす 2 次感染者の数（1 人の患者が患者である間に何人に感染させたか）を表す．感染者は，いずれは回復する．回復するまでに 1 個体以上の新たな感染者を生産することができれば，集団内で感染症が拡大するという直感的にも理解しやすい結果が $R_0 > 1$ という不等

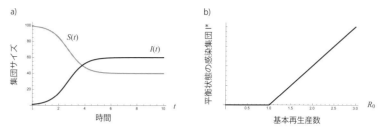

図 11-2　a) SIS モデルの振るまい．パラメータ値：β = 0.025, γ = 1.0, $S(0)$ = 99, $I(0)$ = 1.
b) 平衡状態の感染集団サイズ I^* と基本再生産数 R_0 の関係．I^* = 0 (R_0 < 1)，I^* = (R_0 − 1) γ / β ($R_0 \geq 1$)．

式に表現されている．

SIR モデル

　免疫を付与する感染症の場合，感染から回復した個体は免疫を獲得して免疫保持集団に入る．SIR モデルは，感受性集団 S，感染集団 I，免疫保持集団 R の 3 つの集団サイズに関する次の微分方程式で表される．

$$\frac{dS}{dt} = -\beta SI$$
$$\frac{dI}{dt} = \beta SI - \gamma I$$
$$\frac{dR}{dt} = \gamma I$$

ここで，パラメータ β は感染率，γ は回復率を表す．SIS モデルと同様に，感染は感受性個体と感染個体との接触によって起こることが仮定されている．出生と死亡を無視しているので，総集団サイズ $N = S(t) + I(t) + R(t)$ は初期値 $S(0), I(0), R(0)$ で決まる定数である．

　SIR モデルの数値解の一例を図 11-3 に示す．具体例としてイギリスのある学校でのインフルエンザ発症数から β，γ を推定して得られるモデルの数値解と実際の発症数データが示されている．SIR モデルは単純ではあるものの，インフルエンザ発症数をきわめて良く記述できていることがわかる

　SIR モデルを数学的に解析することにより，感染症の流行が起こるための条件など，実用的にも重要な結果が導かれる（巌佐 1998，Murray

11 章　感染症流行の数理的研究——**157**

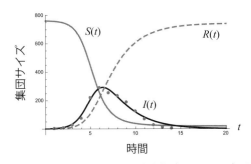

図11-3 SIRモデル数値解とインフルエンザ発症数 (Murray 2002). 灰色実線, 実線, 破線はそれぞれ $S(t), I(t), R(t)$. 丸点は観察された発症数. パラメータ値: $\beta = 0.00218, \gamma = 0.440, S(0) = 762, I(0) = 1, R(0) = 0$. 時間の単位は日.

2002, Allen 2006). SISモデルと同じく, SIRモデルにおいても感染症が流行するかどうかは基本再生産数 R_0 が1を超えるかどうかで決まる. SIRモデルでは, 感染状態は S から I, I から R へと変化するだけなので, 最終的には感染は終息し ($I(\infty) = 0$), 感受性集団と免疫保持集団は初期値に依存する正の値に収束する ($S(\infty), R(\infty) > 0$).

一度感染すると生涯免疫が付与される感染症に対しては, 人工的な感染 (ワクチン接種) により免疫を強制的に与える集団予防接種が有効であるとされている. 割合 p ($0 \leq p \leq 1$) で予防接種を施すと, 実質的な感受性集団サイズは $(1-p) S(0)$ となる. したがって, 基本再生産数は $R'_0 = (1-p) S(0) \beta / \gamma = (1-p) R_0$ となり, $R'_0 < 1$ の不等式から, 集団予防接種により人工的に免疫を付与して流行を防ぐためには最低限

$$p = 1 - \frac{1}{R_0}$$

の割合で予防接種を施す必要があることがわかる.

基本再生産数は様々な感染症に対して見積もられており, たとえば, インフルエンザでは2〜3, 麻疹では12〜18とされている.

媒介者による感染 - マラリアの場合

招かれない虫の1つである蚊が媒介する感染症にマラリアがある. マラリア原虫が引き起こすマラリアは, ヒト感染者とヒト感受性者との接

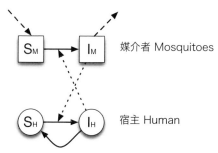

図 11-4 媒介者によるマラリア感染のモデルの概略図．宿主集団（ヒト）と媒介者集団（蚊）を感受性集団と感染集団の２つに分割する．実線矢印は感染状態の変化，破線矢印は蚊の出生と死亡（新たに生まれた蚊はマラリア原虫を保持していないと仮定），点線矢印は感染ヒト集団と感染蚊集団がそれぞれ蚊とヒトの感染に影響することを示す．

触では感染は起こらず，マラリア原虫を保持する蚊がヒト感受性者を吸血することで感染が起こる．また，マラリア原虫を保持しない蚊がヒト感染者を吸血すると，マラリア原虫を保持する感染蚊となる．

マラリアのように媒介者に依存して起こる感染症の流行を記述するためには，宿主集団だけではなく，媒介者集団の個体群動態ならびに感染動態を考慮する必要がある．マラリアは免疫が容易に成立しないことが知られているため，宿主側の感染動態としては SIS モデルを用いるのが妥当と考えられる．図 11-4 にモデルの概略を示す．

図 11-4 から，ヒトの感受性集団 S_H と感染集団 I_H，マラリア原虫を保持してない媒介者（蚊）の感受性集団 S_M と保持する感染集団 I_M の個体群動態が導かれる．ヒトの感染は感染蚊に刺されることによって起こり，蚊の感染は既に感染したヒトを刺すことによって起こることが仮定されている．ヒトと蚊の総集団サイズは一定に保たれることを仮定するので，ヒトと蚊の感染集団 I_H，I_M についての式のみを示す（感受性集団 S_H と S_M の式は符号が変わるだけである）．

$$\frac{dI_H}{dt} = \frac{ab}{N_H} I_M S_H - \gamma I_H$$
$$\frac{dI_M}{dt} = \frac{ac}{N_M} I_H S_M - \mu I_M$$

ここで，N_H はヒトの総集団サイズを表す定数（$N_H = S_H(t) + I_H(t)$），a はヒト刺咬率（単位時間に蚊１匹が何人のヒトを吸血するか），b は感

染蚊が感受性ヒトを吸血した際にマラリア原虫がヒトに感染する割合，γ はマラリアからの回復率，c はマラリア感染者から吸血した感受性蚊が感染蚊となる割合，μ は蚊の死亡率である．このモデルでは，死亡した蚊の分だけ未感染の蚊が生まれて充足され，蚊の総集団サイズが一定値 N_M に保たれるという仮定が置かれている（Anderson and May 1991）．

このモデルから，マラリアの基本再生産数，すなわち，「1人のマラリア感染者が蚊を媒介してもたらす二次感染者の数」は

$$R_0 = \frac{N_M}{N_H}\frac{a^2 bc}{\gamma\mu}$$

と導かれる．マラリア流行を防ぐためには，$R_0 < 1$ となるような対策を立てればよいことから，分子に現れる各パラメータなどを小さくし，分母のパラメータを大きくする対策を立てればよいことが示唆される．具体的には，殺虫剤を用いた蚊の総集団サイズ N_M の低下，蚊に刺されない対策（a の低下），蚊の死亡率 μ の増加，などである．

ここで紹介したモデルは，蚊の総集団サイズが常に一定に保たれる（蚊の個体群動態が無視されている），潜伏期間が考慮されていないなど，マラリア感染症にかかる複雑な要因が考慮されていない．そのため，マラリア防除対策への直接的な応用価値は限られることを付記しておく．

おわりに

この章では，感染症の流行を感染者の個体群動態として捉え，コンパートメントモデルとしての数理モデルを組み立てる基本的な枠組みを紹介した．数理モデルは現実系で起こっている複雑な現象を単純な仮定を用いて数式として抽象化したものである．今回紹介したモデルはいずれも単純すぎて，そのままでは現実系への適用は困難であると思われる．しかし，数理の視点から感染症の流行を解析することはけっして無駄ではない．正確な知見に基づき構成した数理モデルは定量的な予測を可能にするからである．

媒介者による感染症の場合，媒介者がどのように病原体を媒介するかがもっとも重要である．蚊やダニやノミなどの節足動物はさまざまな感染症を媒介することが知られているが，媒介者の生活史に依存して感染

経路はさまざまである．また，宿主集団が複数存在する感染症もある（デング熱を引き起こすデングウィルスはヒト以外にサルにも感染する）．この場合，各集団をコンパートメント化して数理モデルを組み立てることが必要である．

この章では，マラリアを例にとり，SISモデルに媒介者を追加した簡単なモデルを紹介した．免疫が伴う感染症の場合はSIRモデルに媒介者を加えることになる．宿主集団と媒介者集団それぞれにコンパートメントを設定し，各コンパートメント間でどのような移入・移出があるのかは，注目する感染症毎に異なっていると考えられる．より現実的で複雑なモデルを開発する際に，こうした単純なモデルを良く理解しておくことは重要である．単純なモデルを解析し，その利点と欠点を十分理解したうえで，より現実に近い複雑なモデルの解析に取り組むことが大切である．

今回は，各コンパートメントの集団サイズ（「数」）のみに注目したが，多くの場合，感染症の流行は空間的に拡大する．空間的な広がりを解析するためには，各コンパートメントの空間分布を考慮する必要がある．近年では，交通手段の発達に伴い，感染者が長距離を移動することで予想もしない場所で感染症が拡大する事例が増えつつある．また，人間のみならず世界的な物流機会の増加により，感染症を媒介する媒介者もヒトといっしょに移動をする．

感染症の発症や感染経路の解明は，現場での情報収集と生物学・医学的手法を用いた分析が欠かせない．こうした研究に加えて，「数理」の視点に基づく研究を紹介することがこの章の目的であった．感染症を理解するうえで多角的な視野が必要となることを理解していただけたのではないかと思う．感染症の流行メカニズムを理解し，有効な対策を立てるうえで，今後の各方面での研究の進展が期待される（中澤 2004，稲葉 2008）．

参考文献

Anderson, R.M. and R. M. May (1991) *Infectious Diseases of Humans*. Oxford University Press, Oxford. 757 pp.
アレン，L.J.S.（2006）［竹内康博・佐藤一憲・守田 智・宮崎倫子 訳，2011］ 数理生物

学入門. 共立出版, 東京. 440 pp.（Allen, L.J.S. (2006) *An Introduction to Mathematical Biology*. Pearson/Prentice Hall, New Jersey. 368 pp.）

稲葉 寿（2008） 感染症の数理モデル. 培風館, 東京. 311 pp.

巌佐 庸（1998） 数理生物学入門 - 生物社会のダイナミックスを探る. 共立出版, 東京. 350 pp.

Kermack, W.O. and A.G. McKendrick (1927) A contribution to the mathematical theory of epidemics. *Proc. Roy. Soc. of London. Series A*, Vol. 115, No. 772, pp. 700-721.

Murray, J.D. (2002) *Mathematical Biology I: An Introduction*. Springer. 551 pp.

中澤 港（2004） マラリア流行の数理モデル. 応用数理 14: 126-136.

12章
蚊の行動を制御する現象
誘引と忌避

川田 均

はじめに

　WHO（World Health Organization, 世界保健機関）が年に1回発行している *World Malaria Report* によれば，2010年のマラリアによる死者は推定655,000人となっており，単純に計算すると蚊に刺されることが原因で死亡するヒトのじつに90％がマラリアで死亡していることになる．しかも，マラリアによる死者のほとんどがアフリカ諸国の子どもたちであるということを忘れてはいけない．ヒトにマラリアを媒介するのはハマダラカ属 *Anopheles* に属する蚊で，地域によって固有の種が全世界に分布している．

　デング熱やデング出血熱，そして2016年のリオデジャネイロオリンピック開催を前に，現地で猛威を振るったジカ熱もネッタイシマカ *Aedes aegypti*（口絵1）とヒトスジシマカ *Ae. albopictus*（口絵2）といった蚊が媒介する病気である．デング熱は，2014年に東京を中心に日本でも患者が続出して話題になった（1章13頁参照）．適正な治療さえおこなえば致死率はさほど高くないが，それでも世界におけるデング熱による死者数は10,000人から20,000人と言われている．

　感染症媒介蚊を専門とする研究者は日夜，蚊の生態・生理や行動に関する研究をおこなっており，そのいくつかの成果は有効な蚊の防除に役立っている．筆者も蚊の研究に携わる研究者の端くれとして，今までにない優れた防除法はないかと常日頃考えているが，蚊の生態や行動にはいまだよく解明されていない点が多く，研究の完成は依然として遙か霧の彼方にある．この章では，蚊の行動を制御する誘引と忌避という現象を利用した防除法や今後期待される新しい防除法への手がかりについて，

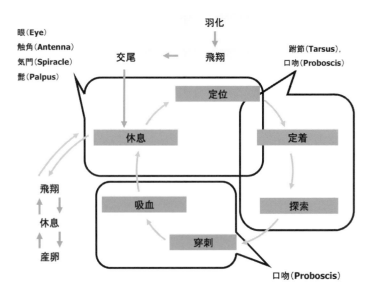

図 12-1　蚊の雌成虫の行動パターンとそれに関わる器官.

筆者の研究成果を交えて紹介する.

蚊の行動について

　多くの方がご存じのように，一部の例外を除くと蚊の雌成虫は産卵のために動物の血を吸血しなければならない．不幸なことに感染症の伝播はこの吸血の際におこなわれる．吸血とその後におこなわれる産卵が，雌蚊にとっての最終かつ最大の目標であるが，この目標の達成にあたって雌蚊はさまざまな行動をとる（図 12-1）．この一連の行動にもっとも必要なものは，目的地に向かうための飛翔行動であり，雌蚊はこの飛翔という行動にもっとも多くのエネルギーを消費しているはずである．交尾を終えた雌蚊は，この飛翔エネルギーを寄主（ホスト）となる動物の探索に費やすことになる．ホストの探索行動は，ホストの生息する場所への長距離からのマクロな探索と，ホストにたどり着いてから吸血に適したホストの身体の部位を探すミクロな探索に分けられる．図 12-1 に示したように，いずれの探索行動にも雌蚊に備わった各種の感覚器が重要な役割を果たす．吸血に成功した雌蚊は，一定の休息の後，今度は産

卵場所となる水辺へ向かう探索行動をとった後に産卵に至る．このような一連の行動には，雌蚊が雄蚊と出会って交尾するための何らかの誘引現象，吸血源に定位するための誘引現象，産卵場所に向かうための誘引現象などさまざまな誘引現象が関わっている．次節では，この誘引現象のいくつかの要素について紹介する．

蚊を誘引するもの

　吸血源となるホスト（動物）に雌蚊を誘引するおもな要素として，次の5つがある．
　　(1) 呼吸によって排出される炭酸ガス
　　(2) 汗や尿，呼気に含まれる化学物質
　　(3) 体温
　　(4) 濃い色と薄い色のコントラスト
　　(5) 動き
　(1) の炭酸ガスは，吸血性昆虫にほぼ共通の誘引物質である．蚊の場合，これを感知する器官は，頭部に存在する小顎髭であると考えられている．炭酸ガスは，これを排出する動物への定位を促すとともに，飛翔活動を活性化する働きをもつと思われる．(2) の化学物質として代表的なのがオクテノールという物質で，アフリカ眠り病を媒介するツェツェバエを誘引する物質として，ウシの尿中から見出された．化学物質を感じ取る感覚器は，(3) の温度感覚とともに触角に存在する．(4) と (5) はいずれも視覚によって感知される．上記の誘引要素の他に，例外的に聴覚が誘引に関係する例もある．カエルの鳴き声に誘引されるチビカの仲間 *Uranotaenia macfarlanei* がその代表例であり（Toma et al. 2005），この場合に働く感覚器は触角の基部にあるジョンストン器官というヒトの耳に相当する器官である．前節の探索行動の分類に従えば，(1), (2) はおもにマクロな探索行動（長距離からの吸血源への定位）に，(3), (4), (5) はミクロな探索行動（至近距離からの吸血源への定位）にそれぞれ関与する．炭酸ガスの存在は，吸血意欲の増大にも関与していることが示唆されている（倉本ら 未発表）．また，(1), (2), (3) は夜行性，昼行性の蚊いずれにも共通する誘引要素であるが，(4), (5) は昼行性の蚊にとくに重要な要素と考えられる．しかしながら，夜行性の蚊

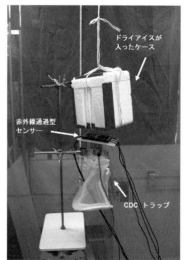
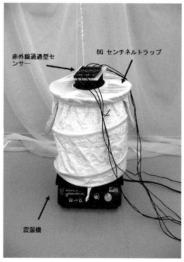

図12-2 ネッタイシマカとヒトスジシマカのトラップへの捕獲効率を調べるための装置．赤外線通過型センサーを蚊が通過することによって捕獲数をカウントできる．

が豆電球を点灯した捕獲器にトラップされるという事実がある．これは，蚊が定位飛翔に際し電球の光を月の光と見誤っているものと考えられる．実際，新月の夜の方が満月の夜よりも捕獲器にトラップされる蚊が多いという（Provost 1959）．以下に，これらの誘引要素に関する筆者らの実験結果の概要を紹介する．

ネッタイシマカとヒトスジシマカを誘引する要素

筆者らは，CDC トラップという蚊の調査によく用いられる捕獲器（豆電球の光やドライアイスから出る炭酸ガスを補助的な誘引源とする捕獲器；図12-2左）と，BG センチネル™ トラップという視覚誘引効果（黒色と白色のコントラスト）を利用した捕獲器（図12-2右）を用いて，(1)炭酸ガス，(2)オクテノール，(3)黒白のコントラスト，(4)捕獲器の動き（BG センチネル™ トラップを震盪機の上に設置して一定速度で捕獲器を首振り運動させる）の4つの誘引要素を組み合わせたときに，誘引捕獲効果がどのように変化するかについて調べた．

その結果，両種ともに黒白のコントラストと炭酸ガスの組み合わせが

表12-1 ネッタイシマカとヒトスジシマカの誘引における誘引要素の効果*

誘引源	ネッタイシマカ	ヒトスジシマカ
炭酸ガス	＋＋	＋
黒白のコントラスト	＋＋	＋
黒白のコントラスト＋炭酸ガス	＋＋＋	＋＋＋
黒白のコントラスト＋オクテノール	＋＋	＋＋
黒白のコントラスト＋動き	＋＋	＋

＊＋の数が多いほど誘引効果が大きい

もっとも誘引効果が高かった．ネッタイシマカはそれぞれの誘引要素単独でもある程度誘引されたのに対して，ヒトスジシマカでは単独の要素の効果は低かった（表12-1；Kawada et al. 2007）．いずれの種も代表的な昼行性の蚊であり，炭酸ガスの存在と視覚によるホストの感知が重要な誘引要素なのである．

　主たる誘引要素は蚊の種類によって異なり，たとえばマラリアを媒介するハマダラカでは，ヒトが発する臭いに含まれる化学物質によく反応する．興味深いのは，昼行性の蚊も夜行性の蚊も，黒白のコントラストや豆電球の光といった視覚で捉える誘引要素が比較的重要であるという点である．では，夜行性の蚊と昼行性の蚊とでは視覚に違いがあるのだろうか？　次節では，蚊の視覚に関する実験結果を紹介する．

蚊の視覚について

　脊椎動物における視力の善し悪しは，眼の網膜に並んでいる視細胞間の角度の大小で決まるようである．昆虫においては，複眼を構成する個眼間の角度がこれに相当する．ヒトの場合，視細胞間の角度は$0.017°$であり，この視力を1とすると，ネコが$0.1°$で視力0.2，アゲハチョウの個眼間角度が$0.8°$で視力0.02，ショウジョウバエが$6°$で視力0.003という計算になる（蟻川 2009）．筆者らは，数種の蚊の平均個眼間角度を計測し，昼行性の蚊，夜行性の蚊，その中間の薄明または薄暮活動性の蚊においてどのような違いがあるかについて調査した（図12-3；Kawada et al. 2006a）．まず，夜行性の蚊であるネッタイイエカ *Culex quinquefasciatus*（口絵8）や，アカイエカ *Culex pipiens pallens*（口絵5），および多くのハマダラカの仲間の個眼間角度は，概ね$6°〜8°$の値を示し，

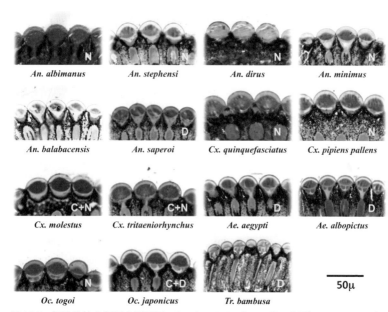

図12-3 各種雌蚊の個眼の断面図. *An.*, *Anopheles*（ハマダラカ属）; *Cx.*, *Culex*（イエカ属）; *Ae.*, *Aedes*（ヤブカ属）; *Oc.*, *Oclerotatus*（セスジヤブカ亜属）; *Tr.*, *Tripteroides*（ナガハシカ属）; N, 夜行性（Nocturnal）の蚊；D, 昼行性（Diurnal）の蚊；C, 薄明薄暮活動型（Crepuscular）；C+N, C+D, 中間系.

前述のショウジョウバエと同等かあるいはこれを上回る角度であった．すなわち，夜行性の蚊の視力は0.003以下となり，彼らの視力では明暗の区別程度しかできないことがわかる．これに対して，昼行性のキンパラナガハシカ *Tripteroides bambusa*（口絵11）では，個眼間角度が0.96°であり，前述のアゲハチョウに匹敵することがわかった．一方，薄明または薄暮活動型の蚊は，昼行型と夜行型の中間の値を示す．また，夜行性になるほど個眼間角度は大きくなるが，同時に個眼の直径も大きくなる傾向にある（レンズが大きくなるほど光を集めやすくなると言うこと）．

興味深いのは，同じハマダラカ属 *Anopheles* でありながら，沖縄に生息する昼行性のオオハマハマダラカ *Anopheles saperoi* の個眼間角度は，他の夜行性のハマダラカが7.6〜8.1°であるのに対して，4.1°という小さな値を示すことである．おそらくオオハマハマダラカは，何らかの理由で夜行性から昼行性に行動を進化させた際に，眼の構造を昼行型に変化させてきたものと考えられる．また，ネッタイシマカとヒトスジシマカ

の個眼間角度にも差が見られ（それぞれ 6.4°，5.3°），ネッタイシマカはより暗所に適応した眼の構造をしていることがわかった（Kawada et al. 2005）．ネッタイシマカは人家の中やその周辺に生息し，ヒトスジシマカに比べて，よりヒトの生活環境を好むと言われている．眼の構造の違いは，このような生息環境の違いも説明できる．

実験室内で蚊の行動を制御する

　以上のように，雌蚊を誘引する要因のいくつかについてはある程度解明されてきている．そこで筆者らは，雌蚊を誘引する要因を組み合わせて，実験室内で野外における蚊の行動を赤外線通過型センサーを用いた装置によって再現する試みをおこなった（図 12-4A, B）．昼行性の蚊であるネッタイシマカと夜行性の蚊であるネッタイイエカについて得られた結果を図 12-5A および図 12-5B に示したが，いずれの種においても野外条件における日周活動を反映した活動ピークが得られ，この装置の室内実験機器としての有用性が実証された．ネッタイシマカは，炭酸ガスの放出がなくてもある程度誘引されるのに対して，ネッタイイエカでは炭酸ガスの放出が誘引に必須であることが示され，興味深い結果となった．

蚊の忌避性について

忌避とは何か？

　生物にとって忌避という現象はどういう意味をもっているのだろう？たとえば人体塗布型忌避剤の代表化合物であるディート（ジエチルトルアミド）を塗られたヒトの皮膚を忌避して近寄ろうとしない雌蚊にとって，もっとも重要な仕事である産卵のための栄養源摂取をさえ躊躇させる「忌避」行動は，生物にとっていったいどんな意味があるのだろう？次節では現象面から見た「忌避」について，ピレスロイドという特殊な化合物群がもつ蚊に対する「忌避性」に絞って考えてみたいと思う．

ピレスロイドはどんな忌避効果をもつのか？

　ピレスロイドの忌避性を現象面から分類すると，下記の3つになる．
　（1）処理面あるいは空間への進入（あるいは摂食・吸血）阻害

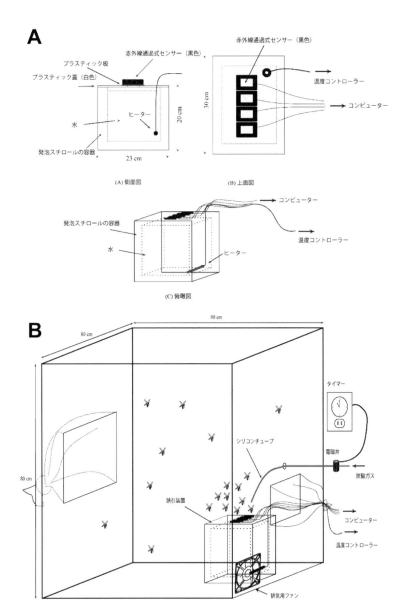

図 12-4 蚊の行動記録装置の概要. A) 黒白のコントラストと熱 (35℃) を誘引源とする誘引装置 (赤外線通過型センサーを4個装備), B) 誘引装置に炭酸ガスを一定間隔 (2分放出, 15分停止) で放出する行動記録用ケージ.

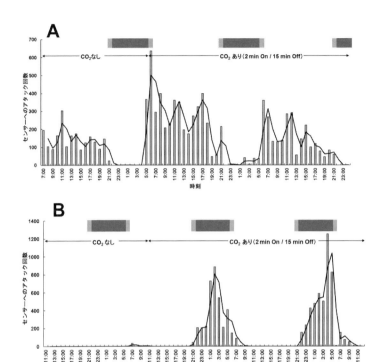

図12-5 蚊の行動記録装置を用いて得られた雌蚊の周期的な活動ピーク．A) 行動記録装置を用いて得られたネッタイシマカ（昼行性）の日周活動，B) 行動記録装置を用いて得られたネッタイイエカ（夜行性）の日周活動．薄い灰色と濃い灰色のバーはそれぞれ薄明期（7ルクス），暗黒期（0ルクス）を示す．明期は490ルクス．

(2) 処理面あるいは空間（あるいは摂食・吸血対象）からの退避

(3) 処理面あるいは空間での定位阻害，行動異常

(1) の例としては，ピレスロイドを処理した土壌をシロアリが忌避する現象がある．同様な忌避現象は，ゴキブリやイエヒメアリでも知られている．接触して初めて作用するピレスロイドは，歩行性の昆虫類に対してとくに有効な効果を示すと思われる．(2) の例としては，フェンプロパスリンを処理した葉からナミハダニが逃げ出す現象が知られている（Hirano 1987）．無処理の葉には長時間留まっていたナミハダニが，フェンプロパスリンを処理した葉では，濃度に依存して葉に留まる時間が減少する．ピレスロイド処理空間における同様な現象が蚊でも報告されている．

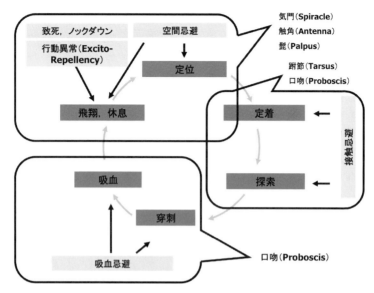

図12-6 ピレスロイドの忌避性と作用部位および蚊の行動との関係. Chadwick (1970) に筆者の考えを盛り込んで改変.

(1) と (2) は,忌避源を基点とした場合,負の方向性のある忌避現象であるが,(3) は方向性をもたないという意味で複雑である.筆者らが報告しているメトフルトリン (Kawada et al. 2006b, 2008) や,アレスリンその他の成分を含有した蚊取り線香などによる,いわゆる空間忌避が (3) の現象に含まれる.アレスリンを主成分とする蚊取り製剤の空間忌避や吸血忌避(あるいは吸血阻害)を最初に報告したのは,MacIver (1964) および Chadwick (1970) (図12-6) である.MacIver (1964) によれば,蚊取り線香の煙に曝された蚊成虫がとる一連の行動は下記のように分類される.まず正常な休息状態から,興奮または閾値的活性化段階に移行し,触角のグルーミングや跗節(脚の先端)のリズミカルな上下運動が開始される.次に活性化フェイズが訪れ,速くしかも混乱した飛翔活動が観察され,ノックダウンが見られた後に死に至る.上記の活性化あるいはノックダウンのフェイズでは,おそらく吸血する意欲もなくなっているであろうと著者は述べている.

次に,作用の面からピレスロイドの忌避効果を下記の3つに分けてみた.
(1) 接触忌避

(2) 摂食（吸血）忌避
(3) 行動異常

(1) 接触忌避

　松永（1993）は，ネッタイシマカの各部位にピレスロイドを処理して吸血行動を観察することによって，味覚器が多く存在する跗節と口吻においてもっとも阻害効果が高いこと，および雌蚊が薬剤処理面に接触した場合，薬剤が最も早く侵入するのは跗節の化学感覚毛（味覚器）であろう，と報告している．さらに，ネッタイシマカの跗節にプラレトリンの低濃度溶液を触れさせることにより，化学感覚毛から異常スパイクが発生することを明らかにし，これが忌避行動と関連することを示唆した．化学感覚毛は，跗節だけでなく，触角，小顎髭，口吻に分布するが，これらがピレスロイドに接触することにより，接触忌避効果が発現するものと考えられる．

(2) 摂食（吸血）忌避

　UmedaとHirano（1990）は，タイワンツマグロヨコバイ *Nephotettix cincticeps* の吸汁行動を電気生理学的に調べ，エスフェンバレレートによって処理された稲に対して，唾液分泌，吸汁などにおいて正常な行動を示さなくなることを報告している．

(3) 行動異常

　ピレスロイドは死に至るまでに前述した一連の行動を蚊成虫に励起するが，この過程において，吸血源への定位や吸血に対する意欲を阻害する．これは当然ピレスロイド分子が空中を漂いながら蚊にヒットした後に起こるわけである．では，ピレスロイドの侵入経路とは何処なのであろうか？ Sugiuraら（2008）やSumitaら（2016）は，ピレスロイドが他の薬剤に比べて，ゴキブリやイエバエに速効的に作用する理由の1つとして，ピレスロイドがもっとも有効に侵入する経路が気門であることを示した．蚊に対するピレスロイドの忌避性がノックダウンから死に至る過程における過渡期的現象であるとすると，忌避行動におけるピレスロイドの侵入経路も同様に気門であるといってよいであろう．

雌蚊の行動とこれを利用した防除法やデバイス

　前節では雌蚊の行動を制御する誘引と忌避について考察してきたが，

表 12-2 雌蚊の行動を利用した防除法・デバイス

	雌蚊の行動	行動を利用した防除法・デバイス	効果
1	飛翔行動	空間殺虫処理（口絵 49A）	ノックダウン・殺虫
2	飛翔後の休息行動	家屋周辺の垣根等への残留散布（口絵 49B）	ノックダウン・殺虫
3	羽化後の飛翔および交尾行動	音響（飛翔時の雌の羽音）を利用した捕獲装置	誘引・殺虫
4	吸血後の壁面での休息行動	屋内残留散布（indoor residual spray, IRS；口絵 49C）	忌避または殺虫
5	ホストのマクロな探索行動	空間忌避剤（蚊取り線香など；口絵 49D）	忌避または殺虫
		殺虫剤含浸蚊帳（口絵 49E）	忌避または殺虫
6	ホストのミクロな探索行動	皮膚塗布型忌避剤	忌避または殺虫
7	産卵行動	殺虫剤を処理した産卵捕獲器	誘引・殺虫
		不妊化剤を処理した誘引デバイス	誘引・次世代への増殖阻害
		産卵場所への遅効性殺虫剤の運搬を利用した誘引デバイス	誘引・次世代への増殖阻害

表 12-3 雌蚊の行動を利用した捕獲方法・デバイス

	雌蚊の行動	行動を利用した防除法・デバイス	効果
1	飛翔行動	捕虫網による捕獲（口絵 49F）	−
2	飛翔後の休息行動	箱あるいは小屋型捕獲装置	誘引
3	羽化後の飛翔および交尾行動	音響（飛翔時の雌の羽音）を利用した捕獲装置	誘引・殺虫
4	吸血後の壁面での休息行動	殺虫剤スプレーによる捕獲（口絵 49G）	ノックダウン・殺虫
		吸虫管や試験管による捕獲（口絵 49H,I）	−
5	ホストのマクロな探索行動	光，炭酸ガス，化学誘引物質，熱，視覚効果などを利用した捕獲装置（口絵 49J,K,L）	誘引
		ヒト（動物）囮法（口絵 49M,N）	誘引
6	産卵行動	産卵捕獲器（口絵 49O）	誘引

　本節では忌避やその他の行動を利用した防除法やデバイスについて紹介する．雌蚊の行動を利用した防除法・デバイスを表 12-2 に，捕獲方法・デバイスを表 12-3 に，それぞれ筆者が知るかぎりの情報を示した．

　表に示した防除方法の中でもっとも古典的でかつ成功した例は，DDT を代表とする殺虫剤の残留散布（indoor residual spraying, IRS）であろう．皮膚塗布型忌避剤や殺虫剤含浸蚊帳も有効な吸血忌避あるいは防除手段である．なかでも長期残効型殺虫剤含浸蚊帳（long lasting insecticidal net, LLIN）は，屋内残留散布に変わる新しいセルフプロテ

クション技術として 2000 年初頭からアフリカのマラリア蔓延地域で普及が始まり，マラリアによる小児の死亡率を大きく低下させた．しかし，現在では，LLIN の大規模な配布が原因とみられるハマダラカのピレスロイド抵抗性が問題となっている（LLIN に使用される殺虫剤の 100％がピレスロイドである）（Kawada et al. 2011）．

　ノックダウン効果は低いが致死効果が高い「キル剤」に属するピレスロイドに対して，致死効果は高くないが速効的に蚊の飛翔を阻害して落下させる「ノックダウン剤」に属するピレスロイドは，「空間忌避剤」として長年にわたって成功を収めてきた．蚊取り線香剤や蚊取りマット剤，リキッド剤がその例である．「空間忌避」による防虫効果は害虫の致死を目的としないために，害虫の個体群に対する選択圧が低く，ピレスロイドに対する抵抗性発達が抑えられると考えられる（Kawada et al. 2006b, 2008，川田 2014）．さらには，空間忌避という効果がピレスロイド抵抗性の蚊に対しても有効であるという事実がいくつか報告されつつあり，今後のさらなる検討によって，ピレスロイド抵抗性蚊が生息する地域での新しい感染症対策が実現するかも知れない（Kawada et al. 印刷中）．

　LLIN に幼若ホルモン様物質（juvenile hormone mimic, JHM）を配合し，蚊帳に触れた雌成虫の不妊化と寿命の短縮を狙った方法が近年提唱され，実地条件下でもハマダラカに対する有効性が確認されている（Kawada et al. 2014）．この方法の最終的な目標は，周辺地域の蚊の個体群の減少であるが，これにはいくつか考慮すべき問題点がある．まず，速効的な殺虫作用のない JHM の使用は蚊帳の使用者にとっては直接の利益がないことである．そのような LLIN は忌避性も殺虫性ももたないために，殺虫剤無処理の蚊帳と同じ状況になり，使用者に対しては蚊による吸血のリスクを増やすことになる．したがって，殺虫剤との合剤が必要となるが，これに忌避性のある殺虫剤を含有させた場合，蚊が蚊帳に接触する機会が減り，JHM の効果が十分発揮できなくなるという矛盾が生じる．また，不妊化によって個体群を減少させることは，殺虫剤による選択圧と同じ圧力を蚊の個体群に及ぼすことになり，抵抗性発達の危険性が伴う．殺幼虫剤として使用されている JHM に蚊の抵抗性が出現し始めているということを考慮すると，この抵抗性個体群の成虫に対して JHM 含浸蚊帳が有効であるか否かについてはやや疑問が残ると

ころであり，更なる検討が必要と思われる．

　上述した不妊作用とは別に，吸血後の雌蚊成虫をJHMに接触させることにより，殺幼虫剤としてのJHMを産卵場所（発生源）に運ぶ運搬者にする考え方がある．この新しい考え方は，成虫の活動場所と幼虫の発生源が比較的近傍に存在するネッタイシマカやヒトスジシマカに有効な防除法と考えられる．JHMのこのような「水平運搬」について，いくつかの実験結果あるいは実用効果に関する報告がある（Ohba et al. 2013）．水平運搬による害虫防除では，殺虫成分が施用場面とは異なる環境に伝播される可能性がある．この可能性を想定した安全面や環境面での対策が必要不可欠であろう．

おわりに

　この章では，雌蚊を誘引したり忌避させたりするいくつかの要因について紹介し，さらに蚊の行動を利用した防除法やデバイスに関して，古典的な成功例や今後期待されるいくつかの新しい考え方を紹介した．キーポイントは，やはりなんと言ってもいかに雌蚊による吸血を忌避させるか，あるいは逆に，如何に雌蚊を誘引してこれを殺したり捕獲できるかという2つの相反する課題である．農業分野においては，誘引と忌避を組み合わせた，いわゆる「プッシュ・プル」という考え方が新しい害虫防除技術として注目されている．すなわち，作物には害虫が忌避するような化学物質などを処理しておき，害虫にとって誘引性あるいは嗜好性の高い植物を作物の近傍に栽培して，害虫を作物から遠ざける方法である．賢明な読者は，蚊の防除にもこの考え方が応用できるかもしれないと思うにちがいない．たとえば，屋内には空間忌避剤やLLINなどで雌蚊の吸血意欲を低下させて屋外に排除し，かつ屋外にはヒトの代替となるような家畜などを置いて，雌蚊をヒト以外の動物に誘引するというような考え方である．しかし，「敵も然る者」，害虫の適応力にはすさまじいものがある．LLINの中で眠るヒトを吸血できなくなった雌蚊は，LLINの外でヒトが活動する時間帯に吸血時間をシフトするかもしれないし，残留散布などによって屋内で吸血できなくなった雌蚊は屋外でヒトを攻撃するようになるかもしれない．これは架空の話ではなく，実際に世界各地で起こっている事実なのである．このように，ヒトがいくら

蚊の行動を研究して，その裏をかこうと努力しても，蚊はどんどんそれに対する対抗策を打ちだしてくる．筆者は，人体塗布型の忌避剤が，抵抗性を発達させず，かつ確実に蚊の吸血から身を守れるもっとも有効な方法だと信じてきた．しかし近年，このような人体塗布型の忌避剤に対しても，蚊が抵抗性をもつに至ったという信じがたい報告がなされている．現在までの蚊の行動研究は，神秘に満ち溢れた蚊の世界のほんの入口にたどり着いた程度なのである．この章を読まれた若い世代の人たちの何人かが蚊の世界に興味を抱き，未来に優れた大発見をする研究者となることを期待して本稿を閉じたいと思う．

参考文献

蟻川謙太郎（2009） 昆虫の視覚世界を探る－チョウと人間，目がいいのはどちら？－ 生命健康科学研究所紀要 5: 45-56.

Chadwick, P.R. (1970) The activity of *dl*-allethrolone *d-trans* chrysanthemate and other pyrethroids in mosquito coils. *Mosquito News* 30: 162-170.

Hirano, M. (1987) Locomotor stimulant activity of fenpropathrin against the Carmine spider mite, *Tetranychus cinnabarinus* (Boisduval) (Acarina: Tetranychidae). *Appl. Ent. Zool.* 22: 499-503.

Kawada, H., S. Takemura, K. Arikawa and M. Takagi (2005) Comparative study on nocturnal behavior of *Aedes aegypti* and *Aedes albopictus*. *J. Med. Entomol.* 42: 312-318.

Kawada, H., H. Tatsuta, K. Arikawa and M. Takagi (2006a) Comparative study on the relationship between photoperiodic host-seeking behavioral patterns and the eye parameters of mosquitoes. *J. Insect Physiol.* 52: 67-75.

Kawada, H., T. Iwasaki, L.L. Loan, T.K. Tien, N.T.N. Mai, Y. Shono, Y. Katayama and M. Takagi (2006b) Field evaluation of spatial repellency of metofluthrin-impregnated latticework plastic strips against *Aedes aegypti* (L.) and analysis of environmental factors affecting its efficacy in My Tho City, Tien Giang, Vietnam. *Am. J. Trop. Med. Hyg.* 75: 1153-1157.

Kawada, H., S. Honda and M. Takagi (2007) Comparative laboratory study on the reaction of *Aedes aegypti* and *Aedes albopictus* to different attractive cues in a mosquito trap. *J. Med. Entomol.* 44: 427-432.

Kawada, H., E. A. Temu, J. N. Minjas, O. Matsumoto, T. Iwasaki and M. Takagi (2008): Field evaluation of spatial repellency of metofluthrin-impregnated latticework plastic strips against mosquitoes of *Anopheles gambiae* group in Bagamoyo, coastal Tanzania. *J. Am. Mosq. Control Assoc.* 24: 404-409.

Kawada, H., G.O. Dida, K. Ohashi, O. Komagata, S. Kasai, T. Tomita, G. Sonye, Y. Maekawa, C. Mwatele, S. M. Njenga, C. Mwandawiro, N. Minakawa and M. Takagi (2011) Multimodal pyrethroid resistance in malaria vectors *Anopheles gambiae* s.s., *Anopheles arabiensis*, and *Anopheles funestus* s.s. in western Kenya. *PLoS One* 6: e22574.

Kawada, H., G.O. Dida, K. Ohashi, E. Kawashima, G. Sonye, S.M. Njenga, C. Mwandawiro and N. Minakawa (2014) A small-scale field trial of pyriproxyfen-impregnated bed nets against

pyrethroid-resistant *Anopheles gambiae* s.s. in western Kenya. *PLoS One* 9: e111195.
川田 均（2014） 殺虫剤抵抗性疾病媒介蚊に対する新しい防除法の試み．衛生動物 65: 45-59.
Kawada, H.（印刷中）Possible new controlling measures for the pyrethroid-resistant malaria vectors. *Acta Horticulturae*.
MacIver, D.R. (1964) Mosquito coils Part II. Studies on the action of mosquito coil smoke on mosquitoes. *Pyrethrum Post* 7: 7-14.
松永忠功（1993） ピレスロイドの忌避性．殺虫剤研究班のしおり 61: 9-18.
Ohba, S., K. Ohashi, E. Pujiyati, Y. Higa, H. Kawada, N. Mito and M. Takagi (2013) The Effect of pyriproxyfen as a "population growth regulator" against *Aedes albopictus* under semi-field conditions. *PLoS One* 8: e67045.
Provost, M.W. (1959) The Influence of moonlight on light-trap catches of mosquitoes. *Ann. Entomol. Soc. Am.* 52: 261-271.
Sugiura, M., Y. Horibe, H. Kawada and M. Takagi (2008) Insect spiracle as the main penetration route of pyrethroids. *Pestic. Biochem. Physiol.* 91: 135-140.
Sumita, Y., H. Kawada and N. Minakawa (2016) Mode of entry of the vaporized knockdown agent pyrethroid into the body of housefly, *Musca domestica* (Diptera: Muscidae). *Appl. Entomol. Zool.* 51: 653-659.
Toma, T., I. Miyagi, Y. Higa, T. Okazawa and H. Sasaki (2005) Culicid and chaoborid flies (Diptera: Culicidae and Chaoboridae) attracted to a CDC miniature frog call trap at Iriomote Island, the Ryukyu Archipelago, Japan. *Med. Entomol. Zool.* 56: 65-71.
Umeda, K. and M. Hirano (1990) Inhibition of rice virus transmission by esfenvalerate and its mechanisms. *Appl. Ent. Zool.* 25: 59-65.

13章
作用点の変異による衛生害虫の殺虫剤抵抗性

葛西 真治

殺虫剤とは

　殺虫剤とは，人類にとって有害な昆虫やダニ類などの節足動物を防除するために開発された薬剤の総称である．戦前から広く用いられ，『沈黙の春』で環境残留性や非標的生物への毒性がクローズアップされたDDTをイメージされる人も少なくないかもしれない．確かに，かつて使われていた殺虫剤の中には環境や非標的生物への配慮に欠けた化学物質が含まれていたのは事実である．しかし，そういった過去のさまざまな負の歴史を経験し，現在わが国では，殺虫剤が登録されるまでにさまざまな毒性試験や安全性試験が義務づけられており，それらの厳しい基準値をすべて満たしたものだけが使用を認められている．すべての物質には大なり小なり毒性があり，大切なのは用法・用量を守って正しく使用されるかどうかということである．農業用の殺虫剤は農林水産省が管轄する農薬取締法によって，また，衛生害虫用に用いられる防疫用殺虫剤は厚生労働省が管轄する医薬品医療機器等法（薬機法）の規制を受けている．法律上，防疫用殺虫剤は医薬品もしくは医薬部外品に分類される．

殺虫剤の作用点

　殺虫剤を処理された昆虫は，体内で何らかの生理的な異常が起き，やがて死に至る．この時，殺虫剤が直接作用する部位を殺虫剤の作用点と呼び，すべての殺虫剤には作用点がある．したがって，一言で殺虫剤といっても，作用点によっていろいろなグループに分類される．神経伝達

物質アセチルコリンを分解する,アセチルコリンエステラーゼという酵素を作用点とする有機リン系やカーバメート系,ニコチン性アセチルコリン受容体を作用点とするネオニコチノイド系,神経軸索のナトリウムチャネルに作用するDDTやピレスロイド系など,国際殺虫剤作用機構委員会（Insecticide Resistance Action Committee, IRAC）は現存する殺虫・殺ダニ剤の作用点を,一部の作用点の不明な薬剤を除いて29種に分類している（表13-1）.

なぜ殺虫剤抵抗性を研究するのか？

　殺虫剤メーカーにとって,昆虫を殺すことができる薬剤を見つけることはそれほど難しいことではない.しかし,殺虫活性があり,かつ安全性,残留性,選択毒性など,登録にとって必要なさまざまな課題をクリアするような化合物を見つけることはそう簡単なことではない.巨額の費用と年月を費やしてようやく開発された殺虫剤が,抵抗性昆虫の出現のために無力化してしまっては,殺虫剤メーカーにとって大きな損失となるだけでなく,人類の健康や食糧生産効率に多大な影響を及ぼすことになるのである.上述のように,これまで昆虫からおおよそ29種の作用点が明らかにされ,それらをターゲットとする殺虫剤が開発されてきたが,今後も同じようなペースで作用点が見出されていくことは考えにくい.このような状況を打開するためには,抵抗性機構,つまり「なぜ虫に殺虫剤が効かなくなったのか」を明らかにして,既存の殺虫剤の寿命をなるべく延ばしたり,抵抗性がつきにくいような使用方法を見出したり,抵抗性の害虫に対して効果を発揮する薬剤の開発につなげることが重要である.ある殺虫剤に抵抗性がついたからといって,必ずしも同じ作用点をもつ他の殺虫剤に対しても抵抗性を示すわけではない.基質特異性が高い解毒酵素（つまり代謝できる殺虫剤が限られる酵素）の活性増大によってもたらされた抵抗性であることがわかれば,作用点が同じであっても同じグループの他の殺虫剤がまだ有効である可能性があるのである.

表13-1 IRAC (Insecticide Resistance Action Committee) による殺虫剤の作用機構分類
(農薬工業会作成分類表 Ver 8.1 より抜粋)

	主要グループ	サブグループあるいは代表的有効成分
1	アセチルコリンエステラーゼ阻害剤	カーバメート系, 有機リン系
2	GABA作動性塩素イオンチャネルブロッカー	環状ジエン有機塩素系, フェニルピラゾール系
3	ナトリウムチャネルモジュレーター	ピレスロイド系, DDT, メトキシクロル
4	ニコチン性アセチルコリン受容体競合的モジュレーター	ネオニコチノイド系, ニコチン, スルホキシミン系, ブテノライド系, メソイオン系
5	ニコチン性アセチルコリン受容体アロステリックモジュレーター	スピノシン系
6	グルタミン酸作動性塩素イオンチャネルモジュレーター	アベルメクチン系, ミルベマイシン系
7	幼若ホルモン類似剤	幼若ホルモン類縁体, フェノキシカルブ, ピリプロキシフェン
8	その他の非特異的阻害剤	ハロゲン化アルキル, クロルピクリン, フルオライド類, ホウ酸塩, 吐酒石, メチルイソチオシアネートジェネレーター
9	弦音器官TRPVチャネルモジュレーター	ピリジンアゾメチン誘導体
10	ダニ類成長阻害剤	クロフェンテジン, エトキサゾール
11	微生物由来昆虫中腸内膜破壊剤	*Bacillus thuringiensis*とその産生殺虫タンパク質, *Bacillus sphaericus*
12	ミトコンドリアATP合成酵素阻害剤	ジアフェンチウロン, 有機スズ系ダニ剤, プロパルギット, テトラジホン
13	プロトン勾配を攪乱する酸化的リン酸化脱共役剤	ピロール, ジニトロフェノール, スルフラミド
14	ニコチン性アセチルコリン受容体チャネルブロッカー	ネライストキシン類縁体
15	キチン生合成阻害剤, タイプ0	ベンゾイル尿素系
16	キチン生合成阻害剤, タイプ1	ブプロフェジン
17	脱皮阻害剤　ハエ目昆虫	シロマジン
18	脱皮ホルモン(エクダイソン)受容体アゴニスト	ジアシル-ヒドラジン系
19	オクトパミン受容体アゴニスト	アミトラズ
20	ミトコンドリア電子伝達系複合体III阻害剤	ヒドラメチルノン, アセキノシル, フルアクリピリム, ビフェナゼート
21	ミトコンドリア電子伝達系複合体I阻害剤(METI)	METI剤
22	電位依存性ナトリウムチャネルブロッカー	オキサジアジン, セルカルバゾン
23	アセチルCoAカルボキシラーゼ阻害剤	テトロン酸およびテトラミン酸誘導体
24	ミトコンドリア電子伝達系複合体IV阻害剤	ホスフィン系, シアニド
25	ミトコンドリア電子伝達系複合体II阻害剤	β-ケトニトリル誘導体, カルボキサニリド系
26	リアノジン受容体モジュレーター	ジアミド系
27	該当する化合物がないので欠番	
28	該当する化合物がないので欠番	
29	弦音器官モジュレーター　標的部位未特定	フロニカミド
	作用機構が不明あるいは不明確な剤	アザジラクチン, ベンゾキシメート, ブロモプロピレート, キノメチオナート, ジコホル, 硫黄など

なぜ殺虫剤が効かなくなるのか？

　殺虫剤抵抗性機構は大きく分けて4つ挙げることができる．(1) 体内に浸透した殺虫剤を速やかに解毒分解する酵素の活性が高まって，昆虫の生死に影響を及ぼすほどの殺虫剤が作用点に届かなくなるという機構，(2) 作用点の構造そのものが変化し，殺虫剤感受性が低下する機構，(3) 殺虫剤の皮膚透過性が低下して，昆虫の作用点に殺虫剤が届かないという機構，そして (4) ABCトランスポーターという輸送タンパク質が活性化し，結合した殺虫剤を速やかに体外へ排泄することによる抵抗性である．

　(1) の抵抗性に関わる解毒酵素としてはシトクロムP450酸化酵素，カルボキシルエステラーゼ，グルタチオントランスフェラーゼなどが知られている．キイロショウジョウバエ *Drosophila melanogaster* のcyp6g1やネッタイイエカ *Culex quinquefasciatus*（口絵8）のCYP9M10といったP450分子種はそれぞれ単独でDDTやピレスロイド系殺虫剤（以降，ピレスロイド剤）の抵抗性に強く関与しており，抵抗性への貢献度は高い．カルボキシルエステラーゼは有機リン系殺虫剤抵抗性のモモアカアブラムシ *Myzus persicae* やチカイエカ *Culex pipiens pipiens*（口絵7）の体内で，遺伝子のコピー数が増えることなどによって過剰に作られた酵素タンパク質が殺虫剤のエステル結合を切断したり，殺虫剤に結合して無力化するなどして抵抗性の発達に貢献する．もう1つの抵抗性機構として重要なのが (2) の作用点の変異である．多くは作用点のアミノ酸が他のものに置き換えられることによって殺虫剤との親和性が低下し，薬剤の効果を示さなくなるのである．(3) の皮膚透過性の低下については，その確認実験に放射性同位体などを必要とすることもあり，解毒酵素や作用点由来の抵抗性に比べ，あまり多くの事例が報告されていない．(4) は最近注目され始めた機構であり，BT剤という細菌由来の毒素に対する抵抗性機構として明らかにされた例があるが，それほど研究が進んでおらず，不明な点が多い．

　これらの抵抗性機構の多くは昆虫がもつ遺伝子の点突然変異の結果生じるものであるが，その遺伝子変異というのは殺虫剤が直接遺伝子に作用してもたらされるものではない．すでに野外集団の中に，そういった変異をもった昆虫がひじょうに低頻度で存在していて，それが殺虫剤散

布によって淘汰・選抜され，徐々にもしくは急激に頻度を上昇させて最終的に集団の大部分を占めるようになるのである．

交差抵抗性

ある殺虫剤抵抗性の害虫が，別の殺虫剤に対しても抵抗性を発達させることを交差抵抗性と呼ぶ．交差抵抗性は，その昆虫がもつ1つまたは複数の抵抗性機構が複数の殺虫剤に対して有効かどうかということに依存する．交差抵抗性の定義は時代とともに少しずつ変化しているが，正野（1983）によって詳しく解説されている．抵抗性機構が作用点の変異によるものなのか，解毒酵素によるものなのか，あるいはそれ以外の機構によるものなのかを明らかにすることはひじょうに重要である．なぜなら，もし作用点変異が原因であれば，同じ作用点を有する殺虫剤グループに交差抵抗性を示す可能性が高いと予想され，そういった薬剤の使用を避けることができるからである．

ピレスロイド剤とナトリウムチャネル

ピレスロイド剤は，数ある殺虫剤の中の1グループであり，除虫菊より作られた蚊取り線香の有効成分もこれに含まれる．高い殺虫活性を有するうえに，選択毒性が高く（＝人畜毒性が低い），環境中の残留性も低いため，ヒトに対して直接的に害をもたらす衛生害虫用殺虫剤の主翼を担っている．ピレスロイド剤の作用点は神経の電位依存性ナトリウムチャネル（voltage sensitive sodium channel, VSSC）で，昆虫体内でピレスロイド剤がVSSCと結合すると，チャネルが開放状態となり，ナトリウムイオンの流入が止まらなくなるとともに，神経軸索の電気的刺激が継続し，昆虫は異常興奮を起こして死に至る．

ノックダウン抵抗性の出現

ピレスロイド剤の作用点VSSCの本体 α サブユニットは約2,000個のアミノ酸からなる膜タンパクである．6つの膜貫通セグメントとセグメント間を結ぶループを1つのドメインとし，1つのVSSC分子は4つの

ドメインから構成される．昆虫ではキイロショウジョウバエから初めて全長が解読された（Loughney et al. 1989）．ピレスロイド剤抵抗性の昆虫は殺虫剤を処理しても容易にノックダウンしないことから，その抵抗性機構は古くからノックダウン抵抗性（knockdown resistance）または *kdr* と呼ばれてきた．のちに，その遺伝子は染色体上において作用点 VSSC に強く連関していたことから，*kdr* の正体は VSSC 上の何らかの変異であると予想された（Williamson et al. 1993）．そして，東京大学出身で当時カリフォルニア大の松村文夫教授の研究グループとイギリス・ロッサムステッド研究所の Williamson 博士のグループが *kdr* の特定にしのぎを削り，1996 年に抵抗性のチャバネゴキブリ *Blattella germanica*（口絵 19）とイエバエ *Musca domestica*（口絵 14）が共通にもっていた変異 L1014F が *kdr* の正体であることを *Molecular and General Genetics* 誌上で同時に発表した（Miyazaki et al. 1996, Williamson et al. 1996）．

これ以降，昆虫の *kdr* の研究は急速に進み，L1014F をもつ抵抗性昆虫は 20 種以上から報告されている（Rinkevich et al. 2013）．また，L1014F 以外にも抵抗性昆虫から複数のアミノ酸変異が報告されているが，そのうちのいくつかは電気生理学的研究によって感受性低下に関連していることが確認され，広義の *kdr* とされている．感受性低下をもたらす変異は L1014F が位置する第 2 ドメイン第 6 セグメントやその隣の第 5 セグメント付近に集中しているが，なかには第 1 ドメインや第 3 ドメイン，さらには膜貫通領域だけでなくセグメント間のループ上からも見つかっている（Rinkevich et al. 2013）．これまでに *kdr* が原因の抵抗性はイエバエやチャバネゴキブリの他にも多くの種類の蚊やトコジラミ *Cimex lectularius*（口絵 17），アタマジラミ *Pediculus humanus capitis*（口絵 18），ヒゼンダニ *Sarcoptes scabiei* といったさまざまな衛生害虫から報告されている（図 13-1, 13-2）．

イエバエのピレスロイド抵抗性と *kdr*

イエバエは腸管出血性大腸菌 O157 をはじめ，さまざまな食中毒原因病原体を機械的に媒介する重要な衛生害虫である．畜舎の糞から大量に発生するため，牛舎や鶏舎ではピレスロイド剤をはじめ多くの殺虫剤

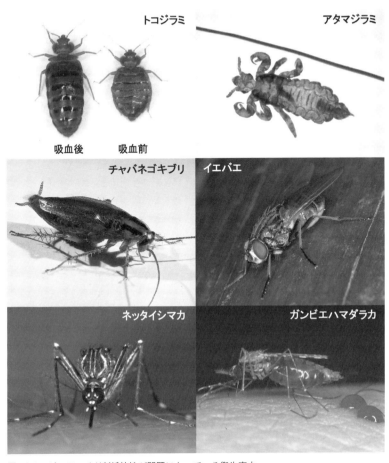

図 13-1 ピレスロイド剤抵抗性が問題になっている衛生害虫.

が使われてきた．世界で初めて *kdr* がイエバエから見つけられたのもそうした歴史的背景による．イエバエからは，最初に見つかった L1014F の他に，L1014F の働きをさらに増強させる M918T（つまり M918T + L1014F）が確認されており，この抵抗性の形質や遺伝子は *super-kdr* と名づけられている．*super-kdr* が M918T によってもたらされていることは，Williamson ら（1996）が初めて *kdr* を報告した論文中ですでに指摘され，その後はノサシバエ *Haematobia irritans irritans* やハモグリバエの仲間 Agromyzidae sp. など数種で見つかっている（Rinkevich et al.

13章 作用点の変異による衛生害虫の殺虫剤抵抗性―― **185**

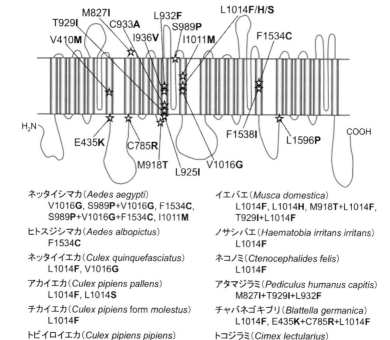

図13-2 電気生理学的解析でピレスロイド剤感受性低下が確認された,衛生害虫のナトリウムチャネル上のアミノ酸変異(上)と,ピレスロイド剤抵抗性に関わるおもな変異の組み合わせ(下).

2013).

　イエバエからはL1014FとM918T + L1014Fの他にL1014Hも抵抗性の原因として長年知られていた.さらに最近,米国カンザス州の鶏舎から採集されたピレスロイド抵抗性イエバエ集団から,L1014Fの効果を増強させるT929Iや,*super-kdr* の効果をさらに増強させるD600Nが見つかった(Kasai et al. 2017).これまでイエバエでは *super-kdr* がもっとも強い抵抗性をもたらす変異として認識されてきたが,T929I + L1014F

のイエバエではデルタメトリンやシフルトリンに対する抵抗性レベルは同集団内で見つかった *super-kdr* 型イエバエよりも高かったことから，今後の野外集団において T929I の遺伝子頻度を注視していく必要性があると思われる（Kasai et al. 2017）．

一方，Sun ら（2016）は，典型的な *kdr*（L1014F）や *super-kdr*（M918T + L1014F）型の VSSC 以外の遺伝的バックグラウンドを感受性系統に置き換えた ALkdr や JPskdr 系統を作出し，これら抵抗性系統の 19 種類のピレスロイド剤に対する感受性を評価した．その結果，基本的に抵抗性レベルは *super-kdr* > *kdr* であったが，これがフェンフルトリン，テフルトリン，トランスフルトリンの 3 種に対してのみ逆転し，*kdr* よりも *super-kdr* の方が抵抗性レベルが低かった．これら 3 つのピレスロイド剤に共通することは，構造中のフェノキシベンジル基に 4 つ以上のフッ素を配していることである（Sun et al. 2016）．この意外な構造活性相関の発見は今後，抵抗性昆虫に有効な殺虫剤を設計するうえで何らかの有益なヒントをもたらすかもしれない．

アルボウイルス媒介蚊のピレスロイド抵抗性と *kdr*

ピレスロイド剤は，その高い選択毒性のため，DDT に代わって蚊の防除に広く用いられてきた．しかし，使用頻度が高い殺虫剤は必ず抵抗性の問題に直面する．マラリアを媒介するハマダラカ *Anopheles* spp.，フィラリアやウエストナイル熱を媒介するアカイエカ種群 *Culex pipiens* complex，デング熱を媒介するヤブカ属 *Aedes* といった蚊はいずれもピレスロイド剤抵抗性が世界的に問題になっている．

筆者の現在のおもな研究課題は「アルボウイルス媒介蚊のピレスロイド剤抵抗性機構の解明」である．アルボウイルスとは昆虫やダニなどの節足動物が媒介するウイルスのことで，蚊が媒介するアルボウイルスにはデング熱やチクングニア熱，それに 2016 年のオリンピック開催国ブラジルで話題になったジカウイルス感染症の病原ウイルスなどが含まれる．そして，これら病原体の媒介にとって重要な蚊はネッタイシマカ *Aedes aegypti*（口絵 1）とヒトスジシマカ *Aedes albopictus*（口絵 2）を中心としたヤブカの仲間である．デング熱流行国の多くではこれまで，患者が多く発生した場合にピレスロイド剤を使用し，感染蚊の駆除をお

こなってきた．しかし，継続的なピレスロイド剤の使用は抵抗性蚊の淘汰を促し，防除効率を低下させてきた．たとえば私たちが蚊防除先進国シンガポールで2009年に採集されたネッタイシマカについて調べたところ，ピレスロイド剤の一種ペルメトリンに対する感受性が標準感受性系統に比べて35分の1にまで低下し（つまり35倍の抵抗性），*kdr*遺伝子の保有率も100％（48/48）に達していた．さらにこの集団の成虫をペルメトリンで10世代室内淘汰したところ，抵抗性レベルは1600倍にまで上昇した．*kdr*単独でこの抵抗性レベルは考えにくいことから，シンガポール系（SP系）ネッタイシマカの抵抗性には*kdr*に加えて，解毒酵素の活性増大も強く関与していることがうかがえた．その後の研究で，SP系ではペルメトリンを代謝可能な*CYP6BB2*や*CYP9M6*といった複数のシトクロムP450酸化酵素の遺伝子が過剰発現していた（Kasai et al. 2014）．

　じつは，ヤブカ属のVSSCでは典型的*kdr*の原因となる1014番目のアミノ酸ロイシンが，CTTではなく，CTAというコドンからなり，他の多くの昆虫種とは異なっている．このロイシンが典型的な*kdr*型であるフェニルアラニン（TTTもしくはTTC）に変異するためには2つの塩基置換が必要となる．これは遺伝子にとってけっこうハードルが高い（＝起きにくい）ようで，2016年現在，L1014Fという典型的*kdr*遺伝子はネッタイシマカやヒトスジシマカからは見つかっていない．蚊と呼ばれる生物がこの世に誕生し，そこからアカイエカやハマダラカの祖先にあたる種とヤブカが分岐したころ，このコドンの3つ目の塩基に，このハードルを高める突然変異（同義的置換）が起こったのだろう．このように典型的な*kdr*が確認されていないネッタイシマカではあるが，L1014F同様に強いピレスロイド抵抗性をもたらすV1016Gという別の変異がアジアの抵抗性集団から見つかっている．ネッタイシマカからはこの他にF1534CやV1016Gとペアで現れるS989P，そしてI1011Mがピレスロイド抵抗性に関与する変異として明らかになっている．先に紹介したSP系のネッタイシマカではF1534CとS989P+V1016Gの2つのタイプのVSSC変異をもつものが混在し，両者を合わせた*kdr*頻度が100％であったが，その後のペルメトリンによる室内淘汰の結果，より感受性低下をもたらすS989P+V1016GタイプのVSSCをもつ個体のみが選抜され，生き残った．このことも淘汰によって1600倍もの抵抗性を

発達させた原因の1つと考えられた（Kasai et al. 2014）．さらにベトナムからは L982W，ラテンアメリカ諸国からは V1016I や I1011V，T1520I，G923V などが見つかっているが，抵抗性への関与を裏付ける証拠は今のところない（Smith et al. 2016）．

たった一度の遺伝子組換えが最強の抵抗性蚊を作り出した

　私たちは，V1016G や F1534C，S989P + V1016G といった変異が VSSC のピレスロイド剤感受性におよぼす影響を直接的に調べるために，これらの変異を有する VSSC の遺伝子をアフリカツメガエルの卵母細胞内に注入し，VSSC タンパク質として発現させ，二極膜電位法という手法を用いてピレスロイド剤に対する感受性を測定した．その結果，F1534C と V1016G はそれぞれ正常な VSSC に比べてペルメトリン感受性を 25 倍と 100 倍低下させることが，また S989P は単独では影響を及ぼさないが，V1016G と組み合わされることで，別のピレスロイド剤であるデルタメトリンの感受性をさらに5倍低下させることが明らかになった（図 13-2, Hirata et al. 2014）．感受性が低下するということは，それだけ強い抵抗性をもたらすということである．

　私たちはさらに，もしネッタイシマカの VSSC が S989P，V10136G，そして F1534C のすべての変異を同時に有してしまったらどうなるのだろうか？　という疑問をもった．そこで，人工的に3重アミノ酸置換が生じるような VSSC 遺伝子を合成し，同様にピレスロイド感受性を測定した．その結果，ペルメトリンに対する感受性が S989P + V1016G のタイプの VSSC に比べて 11 倍，F1534C タイプの VSSC に比べて 44 倍もさらに低下することが明らかになった（図 13-3, Hirata et al. 2014）．このような3重アミノ酸置換を有する VSSC は，両方の遺伝子をヘテロ接合体として有するネッタイシマカ体内で起こったたった一度の遺伝子組み換え（交叉）で生じてしまう．私たちがこの研究を始めた当初，そのような蚊は世界中のどこからも見つかっていなかった．もしそのような VSSC を有する蚊が実際に出現すれば，ピレスロイド剤はまったく無力な存在となってしまうことが危惧された．

　残念ながらその心配は，私たちがその研究結果を国際誌に投稿して間もなく現実のものとなってしまう．2014 年にはまずミャンマーか

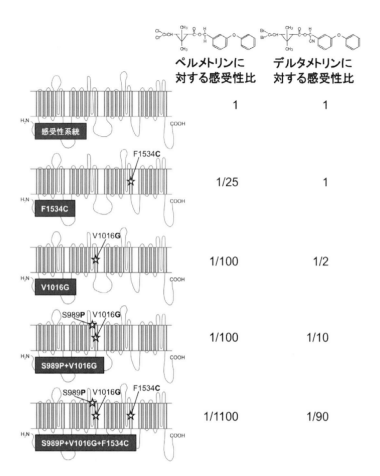

図13-3 ネッタイシマカから見つかった変異型ナトリウムチャネルのピレスロイド剤感受性.

ら,ひじょうに低頻度ではあるが3重アミノ酸置換のVSSCを有するネッタイシマカが報告される(Kawada et al. 2014).その後,インドネシア(Wuliandari et al. 2015),シンガポール(Pang et al. 2015)から相次いで同様の蚊が見つかった(シンガポール集団のS989Pについては不明であるが,私たちの調査ではこの国のネッタイシマカの多くはS989PとV1016Gがリンクしていたため,3重変異であると推察される).もし,この3重変異がVSSCの通常の機能に大きな影響を及ぼさない(=フィットネスコストが高くない)ということになると,ピレスロイド剤の使

用によってさらに淘汰が進み，集団の中で大部分を占めるようになってくる可能性がある．そうなった場合，この超抵抗性のネッタイシマカは飛行機などの交通網に乗って世界中に拡散し，ピレスロイド剤抵抗性の問題を世界レベルでさらに深刻化させていくことになるかもしれない．

ピレスロイド剤はヒトスジシマカにも効きにくくなってきている

　ヒトスジシマカはわが国では北海道以外のすべての都道府県に生息している．2014年に東京を中心に流行したデング熱の媒介にも関与した（1章13頁参照）．秋に休眠卵を産むことから温帯の比較的寒い冬も卵の状態で乗り越えることができる．一方，ネッタイシマカは休眠卵を産まないことから温帯で越冬することができず，現在わが国では土着していない．ヒトスジシマカはヒト以外の動物も好んで吸血し，樹木にできた水溜まりなどからも幼虫が発生するのに対し，ネッタイシマカはヒトから積極的に吸血し，成虫の多くは家屋内に留まり，幼虫も家屋内かその周辺で発生し，殺虫剤による淘汰を受けやすいため，結果として抵抗性が発達しやすい．実際に強い抵抗性を示すネッタイシマカの集団は世界10か国以上から数多く報告されているのに対し，ヒトスジシマカではこれまで強い抵抗性集団は報告されてこなかった（Smith et al. 2016）．しかし，殺虫剤は屋内に限らず屋外でも成虫対策に用いられたり，ヒトスジシマカであっても成虫が家屋内に浸入することがあるため，ヒトスジシマカにも少しずつピレスロイドの淘汰圧がかかっており，本種も今後高い抵抗性を発達させる可能性が十分にありうる．事実，2009年に私たちがシンガポールで採集したヒトスジシマカ集団から初めて kdr 遺伝子（F1534C型）が見つかり（Kasai et al. 2011），2016年には中国でF1534Cに加えてF1534S型の kdr 遺伝子が報告された（Xu et al. 2016）．ネッタイシマカ同様にF1534Cより数倍強力なV1016Gを有するヒトスジシマカが出現し報告されるのも時間の問題といえる．

　一般にネッタイシマカは体内のデングウイルス増殖率がヒトスジシマカより高いことから，媒介蚊としてこれまでヒトスジシマカより重要視されてきた．しかし，最近チクングニアウイルスの中に突然変異を起こした株の存在が確認され，この変異が原因で，ヒトスジシマカ体内で以前の100倍以上ウイルスが増殖しやすくなってしまった．これにより流

行地域のウイルスタイプによってはネッタイシマカよりもヒトスジシマカの方が媒介蚊としての重要度が高くなってしまった．ヒトスジシマカが 2014 年の日本においてデング熱流行に強く関与したことも記憶に新しいし，ジカウイルスに対する媒介能も明らかになっていないことから，ますます本種の存在は軽視できない状況にある．今後さらに抵抗性機構の研究を進め，抵抗性の蚊に対しても効果を発揮する殺虫剤の開発や抵抗性問題を回避するような防除法の確立が強く望まれる．

分子生物学的解析がもたらした抵抗性研究の発展

　これまで紹介した抵抗性機構は，いずれも昆虫がもつ何らかの遺伝子の質的変化によってもたらされたものである．分子生物学的解析手法が今のように広く普及する以前は，ある抵抗性系統の殺虫剤作用点の全アミノ酸配列を明らかにするなどということは至難の業で，ましてや個体別に抵抗性遺伝子の有無を解析するなどということは不可能に近かった．それが今となっては，昆虫の脚 1 本あれば DNA を抽出して，その個体の遺伝子型を判別することが可能になり，野外集団に含まれる抵抗性遺伝子の型やそれらの頻度を推定したり，季節的変化を調べることもできるようになった．抵抗性の要因が遺伝的に劣性であった場合，昆虫は抵抗性遺伝子をホモ接合体として有するまで殺虫剤抵抗性を示さないため，集団内における抵抗性遺伝子の存在は，その遺伝子の頻度がある程度高くなるまでわからない．しかし，遺伝子解析が可能になったことで，ひじょうに低頻度であっても抵抗性遺伝子を検出することが可能となり，抵抗性の問題が大きくなる前に対策を立てることもできるようになった．

　さらには，必ずしも生きた昆虫を用いなくても抵抗性の有無を判別できるようになったことは大きな進歩である．私たちのグループは 2005 年より 10 年以上にわたって 2,000 個体以上のアタマジラミを全国より入手し，駆除薬フェノトリンの抵抗性遺伝子保有の有無について調査してきた．通常の殺虫試験法であれば生きたアタマジラミを用いておこなうのであるが，ヒトから離れると 2 日間ほどしか生きられないアタマジラミを元気なまま全国より入手し，殺虫試験に用いることは容易ではない．私たちは，死んだ個体や卵の DNA を対象として抵抗性の判定をおこなったため，全国的な *kdr* 遺伝子の頻度を簡便に，高い精度をもって

算出することができた.

　このような遺伝子解析による抵抗性の判定はアタマジラミのような難飼育昆虫にとどまらず,もっと微小な昆虫の解析にも威力を発揮する.ヒゼンダニは人の皮膚内に生息し,疥癬（かいせん）という病気の原因となるダニの仲間である.微小なうえに人間の皮膚の中でしか生きられないために,交差抵抗性を調べたり,効果がある殺虫剤をスクリーニングするということはほとんど不可能と考えられてきた.しかし,遺伝子を取り出して突然変異の有無を調べることはそう難しいことではないため,これまでに蓄積された害虫の抵抗性遺伝子データベースと照合することで,抵抗性に関わる変異を有するかどうか判断できるようになってきた.また,抵抗性への関与が不明な場合はその遺伝子を異種細胞内で発現させて,殺虫剤感受性を調べたり,解毒活性を調べるなどということも可能である.さらには,近年流行のゲノム編集の技術を用いれば,微小あるいは難飼育昆虫で見つかった点突然変異を,飼育や実験が容易な昆虫（たとえばイエバエなど）の体内で再現し,抵抗性集団に有効な殺虫剤を生虫を用いてスクリーニングするといったことも実現可能な世の中になってきた.

今後の殺虫剤と抵抗性

　最近,デング熱媒介蚊であるネッタイシマカを駆除するために,遺伝子を改変した不妊雄を野外に放ち,この雄との交尾によって生まれたボウフラが羽化する前に死亡するようにしたり,ヒトスジシマカ由来のボルバキアという共生細菌を野外のネッタイシマカに広め,アルボウイルスを感染させない性質に変えてしまうような試みがなされている.島のような隔離された環境では一定の成果が得られているようだが,新たな個体が常時流入してくる,もっと広いフィールドにおいて目覚ましい成果が挙げられたというデータはまだ公開されておらず,有効性が正しく評価されるまでもう少し時間がかかりそうである.一方,ゲノム編集の技術を応用した遺伝子ドライブという手法は,ある遺伝子をネッタイシマカ種内に自動感染的に広め,デングウイルス媒介能力をなくしてしまおうというものである.この技術は殺虫剤のように蚊そのものを殺すものではないことから抵抗性がつきにくく,理想的な対策法に感じられる.

しかし一方で，このような遺伝子改変蚊をいったん1匹でも野外に放つと，その遺伝子は際限なく国境を越えて世界中の蚊に行き渡り，二度と元に戻すことができないというリスクも秘めている．そのような技術が実際に認められるのか，また，はたして技術を開発した一国の判断でおこなってもよいものなのか，倫理的なハードルはけっして低くない．そう考えると，媒介蚊に限らず，人類は害虫を防除するために，抵抗性とのいたちごっこを覚悟しながらも，もうしばらくは殺虫剤の力に頼っていかざるをえないのかもしれない．もしかしたら，今後抵抗性の研究がさらに進めば，いずれ私たちは，これら招かれない虫たちが抵抗性を獲得するスピードを追い越し，うまくこの問題を管理できる時代がやってくるかもしれない．少なくとも筆者はそう願い，日々虫たちと格闘しながら向き合っている．

参考文献

正野俊夫（1983）殺虫剤抵抗性の遺伝．薬剤抵抗性（深見順一・上杉康彦・石塚皓造 編）．ソフトサイエンス社，東京，pp. 121-141.

Hirata, K., O. Koamgata, K. Itokawa, A. Yamamoto, T. Tomita and S. Kasai (2014) A single crossing-over event in voltage-sensitive Na$^+$ channel genes may cause critical failure of dengue mosquito control by insecticides. *PLoS Negl. Trop. Dis.* 8: e3085.

Kasai, S., L.C. Ng, S.G. Lam-Phua, C.S. Tang, K. Itokawa, O. Komagata, M. Kobayashi and T. Tomita (2011) First detection of a putative knockdown resistance gene in major mosquito vector, *Aedes albopictus*. *Jpn. J. Infect. Dis.* 64: 217-221.

Kasai, S., O. Komagata, K. Itokawa, T. Shono, L.C. Ng, M. Kobayashi and T. Tomita (2014) Mechanisms of pyrethroid resistance in the dengue mosquito vector, *Aedes aegypti*: target site insensitivity, penetration, and metabolism. *PLoS Negl. Trop. Dis.* 8: e2948.

Kasai, S., H. Sun and J.G. Scott (2017) Diversity of knockdown resistance alleles in a single house fly population facilitates adaptation to pyrethroid insecticides. *Insect Mol. Biol.* 26: 13-24.

Kawada, H., S.Z.M. Oo, S. Thaung, E. Kawashima, Y.N.M. Maung, H.M. Thu, K.Z. Thant and N. Minakawa (2014) Co-occurrence of point mutations in the voltage-gated sodium channel of pyrethroid-resistant *Aedes aegypti* populations in Myanmar. *PLoS Negl. Trop. Dis.* 8: e3032.

Loughney, K., R. Dreber and B. Ganetzky (1989) Molecular analysis of the *para* locus, a sodium channel gene in *Drosophila*. *Cell* 58: 1143-1154.

Miyazaki, M., K. Ohyama, D.Y. Dunlap and F. Matsumura (1996) Cloning and sequencing of the *para*-type sodium channel gene from susceptible and *kdr*-resistant German cockroaches (*Blattella germanica*) and house fly (*Musca domestica*). *Mol. Gen. Genet.* 252: 61-68.

Pang, S.C., L.P. Chiang, C.H. Tan, I. Vythilingam, S.G. Lam-Phua and L.C. Ng (2015) Low efficacy of deltamethrin-treated net against Singapore *Aedes aegypti* is associated with *kdr*-type resistance. *Trop. Biomed.* 32: 140-150.

Rinkevich, F., Y. Du and K. Dong (2013) Diversity and convergence of sodium channel mutations involved in resistance to pyrethroids. *Pestic. Biochem. Physiol.* 106: 93-100.

Smith, L.B., S. Kasai and J.G. Scott (2016) Pyrethroid resistance in *Aedes aegypti* and *Aedes albopictus*: important mosquito vectors of human diseases. *Pestic. Biochem. Physiol.* 133: 1-12.

Sun, H., K.P. Tong, S. Kasai and J.G. Scott (2016) Overcoming *super-knock down resistance* (*super-kdr*) mediated resistance: multi-halogenated benzylic pyrethroids are more toxic to *super-kdr* than *kdr* house flies. *Insect Mol. Biol.* 25: 126-137.

Williamson, M.S., D. Martinez-Torres, C.A. Hick and A.L. Devonshire (1996) Identification of mutations in the housefly *para*-type sodium channel gene associated with knockdown resistance (*kdr*) to pyrethroid insecticides. *Mol. Gen. Genet.* 252: 51-60.

Williamson, M.S., I. Denholm, C.A. Bell and A.L. Devonshire (1993) Knock-down resistance (*kdr*) to DDT and pyrethroid insecticides maps to a sodium channel gene locus in the housefly (*Musca domestica*). *Mol. Gen. Genet.* 240: 17-22.

Wuliandari, J.R., S.F. Lee, V.L. White, W. Tantowijoyo, A.A. Hoffmann and N.M. Endersby-Harshman (2015) Association between three mutations, F1565C, V1023G and S996P, in the voltage-sensitive sodium channel gene and knockdown resistance in *Aedes aegypti* from Yogyakarta, Indonesia. *Insects* 6: 658-685.

Xu, J., M. Bonizzoni, D. Zhong, G. Zhou, C. Songwu, Y. Li, X. Wang, E. Lo, R. Lee, R. Sheen, J. Duan, G. Yan and X.G. Chen (2016) Multi-country survey revealed prevalent and novel F1534S mutation in voltage-gated sodium channel (*VGSC*) gene in *Aedes albopictus*. *PLoS Negl. Trop. Dis.* 10: e0004696.

コラム6
博物館標本を基軸とした分類学人材養成

大原 昌宏

2014年の夏,東京・代々木公園などでヒトスジシマカ Aedes albopictus（口絵2）が媒介するデング熱が発生し（1章13頁参照），2012年には国内で初めてマダニによる重症熱性血小板減少症候群（SFTS）が発生した（2章26頁参照）.命を脅かす感染症を媒介する昆虫やダニが社会問題になるなか,専門家の間では「感染症媒介昆虫の蚊の種類を正しく同定できる研究者が日本にどれだけいるのだろうか」という不安が語られた.昆虫分類学者は減少しており,同年の冬には,日本学術会議による「デング熱と蚊の分類と自然史標本」と題した緊急公開シンポジウムが開かれ,蚊やダニの同定・分類研究の継続の重要性と,これからの若手分類学者の人材育成について討議され,その必要性が訴えられた.

日本学術会議（2011）の報告「昆虫科学の果たすべき役割とその推進の必要性」では,昆虫分類学者を養成できる大学研究室は,2009年には10あったものが,2018年にはわずか4研究室に減少すると予測している.分類学専攻の教授が大学を退職し,そのポストが分子遺伝学や生態学の研究者に置き換わった結果である.国内の昆虫分類学者がいなくなれば,蚊1匹の名前を決定するのに海外研究者の助けを求めなければならなくなり,研究者交流も希薄となれば,海外のどの研究者に聞けばよいのかもわからなくなるかもしれない.

感染症媒介昆虫のみならず,農業害虫,衛生害虫そしてその天敵など,人の生活に深く関わる昆虫は,時に重大な経済的損失を生み出し,さらに生命をも危険にさらす原因をつくる.これらの昆虫について正しい種名を知る必要があり,もし種名が同定できなければ駆除・防除方法がわからず初動対応に遅れを生じ,損失が増大することが予想される.応用的な昆虫学分野の分類専門家を国内に一定数そろえることは,安定した生活環境を維持するために必要な社会インフラといえる.

では現在,昆虫分類学者の人材育成は,どのようにおこなわれているのだろうか.（1）大学院課程による修得と（2）博物館などによる一般向け講座の2つの方法がおもな人材育成課程といえるであろう.大学院での昆虫分類学の修得については,前述したとおり研究室が減少してきており,現在のところその機会を増加させることは期待できない.後者の博物館での講座は2000年代前半から各所でおこなわれはじめ,人材育成への貢献が期待される.

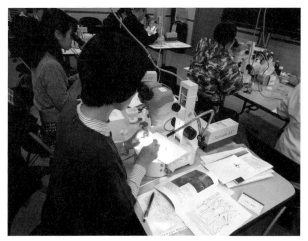

図1 パラタクソノミスト養成講座,昆虫(初級)の実施風景.

　北海道大学では,2004年からパラタクソノミスト(準分類学者)養成講座を始めた.パラタクソノミストとは「学術標本・サンプルを正しく同定し整理する能力を有する者で,環境調査・環境教育において必要とされる人材」としている(大原2010).昆虫分野では,初級(昆虫採集方法と標本作製,目までの分類と同定),中級(目別,科までの同定),上級(交尾器の解剖・形態理解・スケッチ,同定依頼標本の郵送方法)の三段階に分けて講座を開催し,博物館に所蔵する昆虫標本をもとにした分類学研究の基礎が体験できる講座になっている.2015年までに昆虫分野では約615名が受講し,昆虫標本作製と同定がより身近なものになってきていると思われる.受講者の内訳は,2007年では表1となっており,学芸員や教員,環境アセスメントの専門家などのリカレント教育として活用されていることがわかる.すでにパラタクソノミスト養成講座を開催して10年以上が経過したが,初期に受講した小学生が,現在,大学院生として分類研究に励んでいる,という成果もでてきている.講座で使用したテキストはウェブページからもダウンロードできる(大原・澤田2009,2011).

　パラタクソノミスト養成講座は,「昆虫分類学の重要性」と,生物多様性情報を標本として記録し,さらにその標本を継続的に保管することができる「博物館の大切な役割」を市民に広

図2 パラタクソノミスト養成講座,テキストブック.

コラム6　博物館標本を基軸とした分類学人材養成——197

表1 2004〜2007年度に北海道大学で開催したパラタクソノミスト養成講座受講生の職業などの内訳（昆虫分野以外も含む）

職業	人数	割合
環境アセスメント会社職員	43	17%
博物館ボランティア	31	12%
大学院生・研究生	30	12%
学芸員	26	10%
大学生	24	10%
教員	23	10%
中学生	18	8%
小学生	18	8%
研究職	12	5%
高校生	9	4%
自然観察指導員	6	3%
職業記載なし	67	
その他社会人	79	
計	386	

割合：職業記載のあった中での割合.

く知ってもらうことに役立っている．博物館標本を基軸とした分類学の裾野を広げる第一歩がパラタクソノミスト養成講座といえるであろう．

　分類学者の不足は，昆虫以外の生物でも同様に深刻な問題である．北海道大学のパラタクソノミスト養成講座は，植物，キノコ，哺乳類，鳥類，ダニ，原生動物など他の分類群についても開催している．北海道大学以外でも，京都工芸繊維大学（ジョウジョウバエ），高知大学（キノコ，地衣類，コケ，カニ，ヘビ，哺乳類，魚類，鳥類，クモ，陸産貝類，アリ，水生昆虫など），福井市立自然史博物館（植物）などがパラタクソノミスト養成講座を開催し，分類学と標本ハンドリングの普及に努めている．感染症媒介昆虫の分類学講座としては長崎大学（蚊）が，日本衛生動物学会，琉球大学，国立感染症研究所などの協力のもと開催している．

　インターネットの発達により，分類学は変容し，同定のための画像を気軽に検索・閲覧できる時代になりつつある．しかし，そのデジタル情報は正確なのか．分類学者は，信頼できるデジタル情報を提供し，情報の混乱を修正整理するという新たな仕事もまかされている．まだまだ多くの仕事が分類学者に残されている．遺伝子情報を用いた分類学も発展してきた．しかし，すべての種のDNAバーコードがそろえられた訳ではなく，分子分類学はいまだ発展途上である（コラム5参照）．名前のついていない種が感染症媒介昆虫になることも否定できない．その時は誰がその種を新種と判断し名前をつけるのだろうか．膨大な種数をもつ昆虫類

の名前を同定し，系統的な位置づけを正しく判断できる分類学者はこれからも必要であるに違いない．多くの若い人たちが分類学に興味をもってもらうことを願ってやまない．

参考文献

日本学術会議農学委員会応用昆虫学分科会（2011）報告：昆虫科学の果たすべき役割とその推進の必要性．27 pp.（http://www.scj.go.jp/ja/info/kohyo/pdf/kohyo-21-h130-1.pdf）
大原昌宏（2010）分類学者の養成―パラタクソノミスト養成講座について―．昆蟲（ニューシリーズ）13: 83-92.
大原昌宏・澤田義弘（2009）パラタクソノミスト養成講座：昆虫（初級）採集・標本作製編．パラタクソノミスト養成講座・ガイドブックシリーズ　1．北海道大学総合博物館．16 pp.（http://eprints.lib.hokudai.ac.jp/dspace/handle/2115/44940）
大原昌宏・澤田義弘（2015）パラタクソノミスト養成講座：昆虫（初級）目までの分類と同定．パラタクソノミスト養成講座・ガイドブックシリーズ　11．北海道大学総合博物館．63 pp.（http://eprints.lib.hokudai.ac.jp/dspace/handle/2115/59547）

関連の web サイト

高知大学：パラタクソノミスト講座（http://vacant-sky.jugem.jp/?search=%A5%D1%A5%E9%A5%BF%A5%AF）
京都工芸繊維大学：ショウジョウバエ分類講習会（http://www.dgrc.kit.ac.jp/old/jp/nbrp/description/lectureclass/）
日本衛生動物学会：蚊分類学を志す若手研究者のための現地研修（http://jsmez.gr.jp/wordpress/japanese/archives/2092）

あとがき

　この本の主題として紹介されている昆虫やダニなどの節足動物が伝播に関わる感染症も含めて，感染症問題は国境のない世界レベルの問題であり，その対策には地球規模での対応が求められている．読者の皆さんもおわかりのように，熱帯や亜熱帯の発展途上国と比較して，日本国内では生命が脅かされるような節足動物媒介感染症の発生はきわめて少ない．ところが，ひとたび世界に目を向けると，1970年代以降，エボラ出血熱，重症急性呼吸器症候群（severe acute respiratory syndrome, SARS），高病原性鳥インフルエンザ，新型インフルエンザなど，数多くの新興感染症が出現し，さらに結核や，蚊が媒介するマラリアやデング熱などの再興感染症問題も同時に起こっている．加えて，感染症の治療薬である抗生剤や合成抗菌薬に耐性をもつ病原体の出現や，殺虫剤が効かない媒介昆虫の出現などもあり，感染症に対する効果的な予防と治療を妨げる状況が日々進行している．このような感染症に関わる問題の発生には，ここ何十年かの間に急速に進行している地球温暖化や森林開発など生態系の破壊による動植物の分布域の変化，おびただしい人や物の迅速でグローバルな移動，都市人口の過密化などの諸要因が複合的に働いているためと考えられている．国内外での感染症の発生状況のこのような急激な変化と，近年の公衆衛生・医療分野での進展などが契機となり，わが国では1999年に旧来の伝染病予防法に代わり感染症法が施行され，感染症対策の体制強化に向けて法的整備がなされた．さらに，同法では動物由来感染症の発生や蔓延の防止のための消毒やネズミ・昆虫等の駆除に関する事項も明確に定められた．

　節足動物媒介感染症の予防対策は，媒介動物との接触機会を可能なかぎり少なくすること，病原体に有効なワクチンを接種すること，媒介動物の駆除およびその発生源の除去を効果的に実施することがその基本とされている．この本で詳細は触れられていないが，ワクチンによる節足動物媒介感染症の予防に関しては，蚊が媒介する日本脳炎や黄熱などで予防接種が古くから実施されている．しかし，現在も地球規模で多くの感染者と死者を出しているマラリアやデング熱などの国際感染症に対す

るワクチン開発は，病原体であるマラリア原虫の生物学的多様性やデングウイルスの変異などが原因で，持続的効果をもつ免疫抗体の産生が難しく，一部の国で使用されているデングワクチンもあるが，いまだ不完全である．しかし，精力的に研究開発がおこなわれていることから，早期の実用化が期待されている．

　昆虫やダニなどの衛生害虫による私たちの生活への被害は，大きく経済被害と健康被害に分けられる．経済被害のおもなものは農林業生産物への加害，生活に関わる器物の損傷・汚染などが挙げられる．一方，この本の主題でもある健康被害は，感染症の伝播，刺咬や吸血による皮膚などへの直接的な加害，アレルギー疾患の誘発，不快感によるストレスなどがあり，これらの加害者は，それぞれ疾病媒介害虫，有害害虫，不快害虫に分けられている．このような害虫は，じつのところ，数ある虫の中でもある程度限定されている．しかし，限られるとはいえ，被害の全容の把握ならびに害虫種と被害との因果関係の解析には，彼らの生物学的特性を知ることが必要である．害虫防除現場の効果的対策には，まず害虫の種名を特定することが必須である．種名を明らかにすることで，防除対象の害虫の生理・生態的特性に関する情報が得られ，それを基にして的確な対策法の選択が可能となる．つまり，害虫対策のスタートラインは，対象となる虫に関する分類・形態・生理・生態学的な基礎研究で明らかにされた正確で幅広い情報なのである．

　節足動物の中でもとくに昆虫は，全動物種の中で圧倒的に種数と全数量が多く，地球上でもっとも繁栄している動物と言われている．その理由として，昆虫が進化の過程で獲得した繁栄に有利な形態的，生理的，生態的な特性が挙げられる．形態的特性の具体例としては，外骨格として機能する脱皮可能な表皮構造，頭部・胸部・腹部の機能分化，翅の発達，成長にリンクした完全変態の獲得，バラエティーのある体型と適度な小型化などがある．

　人に快適な環境は，他の生物，ここでは衛生害虫にも快適な環境である場合が多い．このことから，両者の間でさまざまな軋轢が生まれてくる．それでは人は，前述のように繁栄をきわめている昆虫たちと，どのように向き合えばよいのだろうか．人の生活圏内に侵入・発生した害虫種を殺虫剤で完璧に駆除してしまえば，この問いは一義的には解決する．しかし，現実的な問題として，殺虫剤に過度に依存した対策は，環境汚

染の広がりや薬剤抵抗性害虫の出現などの弊害を生みだす．この問題の解決には，薬剤による駆除の他に，害虫の発生源の環境改善や物理的な除去，天敵の利用などとの複合的組合せが望まれる．

　薬剤依存型の害虫防除の趨勢(すうせい)に対する反省をふまえ，具体的事例として有機合成殺虫剤による衛生害虫防除の経緯を見てみよう．日本では1945年の敗戦後，極度の窮乏と劣悪な衛生環境により，各種の昆虫媒介感染症が流行した．そこで，占領軍である米軍の指導のもと，全国規模の有機塩素系殺虫剤DDTの徹底的な散布がおこなわれた．その結果，ハエ，蚊，シラミなどの衛生害虫が劇的に減少した．これは日本での都市害虫対策での有機合成殺虫剤登場の幕開けでもあった．その後，農業害虫防除においても大量の有機合成殺虫剤の利用が世界規模で広がり，分解しにくいDDTの環境中での残留・汚染が問題となり，薬剤依存型の害虫防除のデメリットが表面化したのである．

　この本にさまざまな角度から述べられているように，害虫防除の基本的な考え方は，害虫の生存・繁殖にマイナスとなるさまざまな要因を人為的に高めることによって，彼らの生存許容量を人が許容できる範囲に収めることである．すなわち，加害する虫が問題を起こさないレベル（被害の許容限度）に防除目標を設けて，人や環境への安全性をふまえて多角的な技術を用いて防除をおこなうことが望ましいのである．この害虫対策の考え方に基づいた総合的有害生物管理（integrated pest management, IPM）による害虫防除は，先行した農林業害虫防疫分野での実践に続いて，日本の都市害虫防除の分野でも建築物衛生法による行政的な施策として取り入れられ推進された．このように建築物衛生法からスタートした日本の都市害虫対策のIPMは，他の保健・衛生分野の法律にも波及し，加えて，都市害虫防除の現場を担う害虫防除業者（pest control operator, PCO）は，広く人々が利用する特定の建築物で発生する害虫防除の実施に際して，IPMに準拠した防除施工が求められるようになった．

　この本のどの章も，どのコラムも衛生害虫と感染症の関係に関わる今日的問題を扱っている．読者は，地球という惑星の地表・地中・水中・空中とあらゆる環境を巧みに利用して繁栄をきわめている虫たちと，私たち人類は否応なく何らかの関係をもたざるを得ない立ち位置にあることを再認識したのではないだろうか．同時に，今が，まさに「昆虫の科

学」に内在しているさまざまな問題を解き明かしていくことが求められているときであり，昆虫やダニよって引き起こされる問題の解決に関わる人たちが，たゆまない努力をしている現実も知っていただけたと思う．さらに言えば，昆虫やダニによるヒトへの健康被害の今日的問題の理解をとおして，将来，ヒトと虫との共存はどうあるべきかを考えるきっかけとなればと願う．

　あとがきを閉じるにあたって，この本の出版の実現を可能にした日本昆虫科学連合，著者とその所属学協会，東海大出版部の田志口克己氏に，編集作業に関わった伊藤雅信，木村悟朗，佐藤宏明，沢辺京子，橋本知幸を代表して感謝の意を表します．

安居院宣昭

索 引

> * 目的とする語がみあたらない場合は，語幹に相当する語を引いてみること．たとえば，ヤブカは蚊に立項されている．

【A－Z】

BSL（biosafety level） 27

BT剤（*Bacillus thuringiensis* insecticide） 120, 182

COI（cytochrome c oxidase subunit I，チトクロームオキシダーゼサブユニット I） 151

DDT（dichloro-diphenyl-trichloroethane，ジクロロジフェニルトリクロロエタン） 92, 101, 115, 120, 122, 174, 179-182, 187, 203

DEET（N,N-diethyl-3-methylbenzamide, N,N-diethyl-m-toluamide，ディート） 50, 63

DNA 61, 72, 81, 84, 111, 112, 150-152, 192, 198

ELISA法（enzyme-linked immuno-sorbent assay，酵素免疫測定法） 72, 73

γ-BHC（γ-benzene hexachloride，γ-ベンゼンヘキサクロリド） 120

HPAI（highly pathogenic avian influenza, 高病原性鳥インフルエンザ） 93-96

ICT（immuno-chromatographic test，免疫クロマトグラフィー法） 71, 72

IF法（indirect immunofluorescence test，間接蛍光抗体法） 61

IGR剤（insect growth regulator，昆虫成長抑制剤） 108

IP法（indirect immunoperoxidase test，間接免疫ペルオキシダーゼ法） 61

IPM（integrated pest management，総合的有害生物管理） 99-104, 106-109, 133, 134, 138, 203

IRAC（Insecticide Resistance Action Committee, 国際殺虫剤作用機構委員会） 180

IRS（indoor residual spraying，室内残留噴霧） 145, 174

JHM（juvenile hormone mimic, 幼若ホルモン様物質） 175, 176

JICA（Japan International Cooperation Agency, 日本国際協力機構） 124, 148

kdr（knockdown resistance，ノックダウン抵抗性） 184-188, 191, 192

key container 9

KT_{50}（50％ノックダウン時間） 119

LD_{50}（50％致死濃度／50％致死薬量） 115, 119, 121

LPAI（low pathogenic avian influenza, 低病原性鳥インフルエンザ） 94, 95

LLIN（long-lasting insecticidal net, 長期残効型蚊帳） 146, 174-176

MERS（Middle East respiratory syndrome, 中東呼吸器症候群） 3

METI剤（mitochondrial electron transport inhibitor） 181

NTDs（neglected tropical diseases, 顧みられない熱帯病） 100, 124, 125, 142, 148

索引—— 205

Orientia tsutsugamushi(つつが虫リケッチア) 59, 61, 62, 65

O157／O157:H7(腸管出血性大腸菌 O157 ／ O157:H7) 3, 90-92, 96, 184

P450 182,188

PBO(piperonyl butoxide,ピペロニルブトキシド) 147

PCO(pest control operator, 害虫管理企業,害虫防除者) 131, 134, 203

PCR(polymerase chain reaction,ポリメラーゼ連鎖反応) 61, 72, 81

PHEIC(Public Health Emergency of International Concern,国際的に懸念される公衆の保健上の緊急事態) 2

productive larval habitat 9

Q熱 3

RNA 72

SARS(severe acute respiratory syndrome,重症急性呼吸器症候群) 1, 3, 201

SATREPS(Science and Technology Research Partnership for Sustainable Development, 地球規模課題対応国際科学技術協力) 146, 148

SFTS(severe fever with thrombocytopenia syndrome,重症熱性血小板減少症候群) xii, 2, 3, 26-34, 36, 37, 39, 40

super-*kdr* 185-187

ULV 機(ultra low volume sprayer, 高濃度少量散布機) 108

VSCC(voltage sensitive sodium channel,電位依存性ナトリウムチャネル) 181, 183

WHO(World Health Organization,世界保健機関) 2, 4, 5, 8-10, 141, 163

zonation(帯状分布) 6

【あ行】

アカバネ病　2, 76-78, 83, 86
アゲハチョウ　167, 168
アゴニスト
　　オクトパミン受容体アゴニスト　181
　　脱皮ホルモン受容体アゴニスト　181
アザジラクチン　181
アスペルギルス属 *Aspergillus*　93
アセキノシル　181
アセチルコリン　180, 181
アセチルコリンエステラーゼ　180, 181
アナフィラキシーショック　54, 56
アブ　49, 56, 57, 79, 114, 121
アブラムシ
　　モモアカアブラムシ *Myzus persicae*　182
アフリカ馬疫　76
アフリカ眠り病　165
アベルメクチン系　181
アミトラズ　181
アメーバ
　　赤痢アメーバ　3, 91
　　大腸アメーバ　91
アライグマ　30-33
アリ
　　イエヒメアリ *Monomorium pharaonis*　171
アルファシペルメトリン　146
アレスリン　115, 172
アレルギー反応（即時型，遅延型）　56-58, 75, 129
アレルゲン　114, 134
硫黄　181
イカリジン　36, 50
維持管理水準　104, 105, 107, 108
異常産　2, 76-78, 85
遺伝子ドライブ　193

イヌ　37, 95, 134, 147
イノシシ　7, 35, 45, 46
イバラキ病　76-78, 83
医薬品医療機器等法 → 薬機法　116, 129, 179
医薬品　107, 135, 179
医薬部外品　107, 135, 179
　　防除用医薬部外品　135
インフルエンザ
　　H5N1 亜型インフルエンザ　3
　　H5N1 高病原性鳥インフルエンザ（highly pathogenic avian influenza, HPAI）　1, 93, 201
　　新型インフルエンザ　1, 201
　　低病原性鳥インフルエンザ（low pathogenic avian influenza, LPAI）　94
　　鳥インフルエンザ　3
　　H5N1 鳥インフルエンザ　3, 94
　　H7N9 鳥インフルエンザ　3
隠蔽種　85
ウイルス
　　HPAI ウイルス　94, 96
　　LPAI ウイルス　94, 95
　　SFTS ウイルス　2, 26, 27, 30-37, 39, 40
　　アイノウイルス　76-78
　　アカバネウイルス　76, 77, 83-85
　　アルボウイルス　76-78, 80-83, 85, 86, 187, 193
　　イバラキウイルス　76, 77
　　ウェストナイルウイルス　7, 24
　　牛流行熱ウイルス　83
　　オロポーシェウイルス　75
　　鶏痘ウイルス　79
　　高病原性鳥インフルエンザウイルス　3
　　ジカウイルス　xi, 1-4, 18, 21, 22, 187, 192
　　重症熱性血小板減少症候群ウイルス　26, 28
　　シュマレンベルクウイルス　85, 86
　　水胞性口炎ウイルス　76
　　セネカウイルス　95

チクングニアウイルス　191
チュウザンウイルス　76, 77
低病原性鳥インフルエンザウイルス　94
デングウイルス　7-9, 12-14, 16, 17, 22, 191, 193, 202
日本脳炎ウイルス　7, 21-23
バルボウイルス　95
フラビウイルス　37
ブルータンウイルス　76, 83
ロシア春夏脳炎ウイルス　37
Bウイルス病　3
ウェストナイル熱　4, 5, 7
ウサギ
　ノウサギ　38
ウシ　2, 26, 37, 76-79, 83, 85, 165
ウマ　75, 76
ウンカ　22, 82
エアゾール剤　114, 116, 119, 120
衛生害虫　24, 100, 104, 108, 110-114, 116, 117, 119, 121, 122, 129, 179, 183-186, 196, 202, 203
衛生動物　xii, 99, 110
疫学調査　17, 92, 100
エキノコックス症　3
エクダイソン　181
エステル結合　182
エスフェンバレレート　173
エトキサゾール　181
エボラ出血熱　3, 201
黄色ブドウ球菌 *Staphylococcus aureus*　93
仰転（→ノックダウン）　119-121, 146, 172-175, 183, 184
黄熱　3-5, 21, 72, 201
オウム病　3
オオカミ　35
オキサジアジン　181

オクテノール　165-167
帯状分布（→ zonation）　6
オムスク出血熱　3

【か行】

ガ
　ドクガ　114, 119
カ（蚊）
　イエカ（属）*Culex*　xiii, 12, 118, 168
　　アカイエカ *Culex pipiens pallens*　xiii, 21, 57, 72, 115, 117, 119, 122, 123, 167, 187, 188
　　コガタアカイエカ *Culex tritaeniorhynchus*　xiii, 21, 22, 24, 72, 75, 122
　　チカイエカ *Culex pipiens* from *molestus*　xiii, 182
　　トビイロイエカ *Culex pipiens pipiens*　xiii
　　ネッタイイエカ *Culex quinquefasciatus*　xiii, 12, 24, 167, 169, 171, 182
　ナガハシカ（属）*Tripteroides*　168
　　キンパラナガハシカ *Tripteroides bambusa*　168
　シマカ　72
　　ネッタイシマカ *Aedes aegypti*　xiii, 6, 7, 9, 12, 14, 20-24, 163, 166-169, 171, 173, 176, 187-193
　　ヒトスジシマカ *Aedes albopictus*　xiii, 2, 9, 12-16, 20, 21, 23, 24, 57, 86, 163, 166-169, 176, 187, 188, 191-193, 196
　チビカ　165
　　Uranotaenia macfarlanei　165
　ヌカカ　2, 3, 24, 56, 57, 74-86, 88
　ハマダラカ（属）*Anopheles*　xi, 4, 20, 21, 72, 74, 121, 163, 167, 168, 175, 187, 188
　　オオハマハマダラカ *Anopheles saperoi*　168
　　シナハマダラカ *Anopheles sinensis*　20

ヤエヤマハマダラカ Anopheles yaeyamaensis
　　　　20
　　ヤブカ（属）Aedes　xiii, 22-24, 118, 168, 187, 188
　　　セスジヤブカ（亜属）Ochlerotatus　168
　　　トウゴウヤブカ Aedes (Ochlerotatus) togoi　xiii, 168
　　　ヤマトヤブカ Aedes (Ochlerotatus) japonicus　xiii, 168
カーバメイト（系）　135, 138
回帰熱　3
外傷性受精　129
害虫
　媒介害虫　113, 114, 202
　不快害虫　114, 202
　有害害虫　113, 114, 202
顧みられない熱帯病（neglected tropical diseases, NTDs）　100, 124, 142, 148
カジリムシ目 Psocodea（→咀顎目）　127
蚊取り線香　100, 120, 146, 172, 174, 175, 183
加熱乾燥車　136
過敏症　102, 114, 136, 138
ガメトサイト　79
カメムシ　113, 127
カモ　95
蚊帳　146-148, 175
　長期残効型蚊帳（long-lasting insecticidal net, LLIN）　146-148, 174
カリオン病　141
カルボキシサニリド系　181
カルボキシルエステラーゼ　182
肝炎　91
　A型肝炎　3
　E型肝炎　3
環境収容力　156
感作　129, 130
感受性　62, 79, 85, 119, 121-123, 136, 182, 187-189

感受性試験　121
環状ジエン有機塩素（系）　181
間接免疫ペルオキシダーゼ法（indirect immunoperoxidase test, IP法）　61
感染
　垂直感染　155
　母子感染　155
感染環（→感染サイクル）　7, 28, 76, 82
感染経路　88, 114, 153, 160, 161
感染サイクル（→感染環）　6, 7, 16, 32
感染症
　アイノウイルス感染症　76-78, 83
　アルボウイルス感染症　76-78, 83, 85, 86
　蚊媒介感染症　1, 2, 4, 5, 7, 20, 21, 24, 151
　細菌感染症　38, 59, 89
　ジカウイルス感染症　xi, 1-4, 18, 21, 72, 187
　消化器感染症　89
　人獣共通感染症　147
　節足動物媒介感染症　xi, xii, 1, 3, 71, 100, 201
　腸管出血性大腸菌感染症　3
　ニパウイルス感染症　3
　ハンタウイルス肺症候群　3
　マダニ媒介感染症　30-32, 36, 39, 46, 53, 54, 111
　輸入感染症　20, 59
　リケッチア感染症　38
感染症対策　125, 175, 201
感染症の流行　xi, 1, 3, 7, 83, 85, 89, 100, 112, 153, 156, 157, 159-161
感染症法　1, 3, 29, 59, 201
基質特異性　180
キノメチオナート　181
揮散製剤　120
忌避
　吸血忌避　172, 174
　空間忌避　172, 174-176

接触忌避　172, 173
　　忌避剤　36, 50, 63, 113, 115, 135, 169, 174-177
基本再生産数　156-158, 160
キャサヌル森林病　3
急性灰白髄炎　3
狂犬病　3, 36, 142
供試虫　121
ギラン・バレー症候群　2
組み換え　189
クモ　1, 56, 64, 122, 198
　　セアカゴケグモ *Latrodectus hasseltii*　56, 57
クリミア・コンゴ出血熱　3
グルコース　123
グルタチオントランスフェラーゼ　182
クレブシエーラ *Klebsiella*　93
クロフェンテジン　181
クロルピクリン　181
珪藻土　136, 137
結核　3, 91, 201
結核予防法　1
齧歯類　37, 38
血清　26, 27, 38
血清型　7, 61, 62, 76
解毒　120, 147
β-ケトニトリル誘導体　181
ゲノム編集　193
検索表　144
建築物衛生法　102, 103, 106, 203
原虫　3, 46, 71, 72, 75, 76, 78, 142, 144
　　マラリア原虫 *Plasmodium*　145, 158-160, 202
　　トリパノソーマ原虫 *Trypanosoma*　124
　　リーシュマニア原虫 *Leishmania*　141-144, 147
　　ロイコチトゾーン原虫 *Leucocytozoon caulleryi*
　　　　76, 78, 81
甲殻類　1
抗菌剤　38, 39

抗菌薬　60, 89
抗原　71, 72
酵素　56, 180, 182
酵素免疫測定法（enzyme-linked
　　immunosorbent assay, ELISA法）　73
抗体　37, 61, 64, 71-73, 83, 84
鉤虫　91
行動異常　171, 173
紅斑熱
　　地中海紅斑熱　38
　　日本紅斑熱　2, 3, 37, 38, 46, 52, 57, 72
　　ロッキー山紅斑熱　3, 38, 46
交尾　74, 79, 129, 164, 165, 193
ゴキブリ
　　チャバネゴキブリ *Blattella germanica*　96,
　　　　104-106, 119, 123, 184
　　トウヨウゴキブリ *Blatta orientalis*　96
ゴキブリ指数　104, 105
国際殺虫剤作用機構委員会（Insecticide
　　Resistance Action Committee, IRAC）　180
国際獣疫事務局（Office International des
　　Epizooties, OIE）　76
国際的に懸念される公衆の保健上の緊急事態
　　（Public Health Emergency of
　　International Concern, PHEIC）　2
コクシジオデス症　3
個体群動態　153, 154, 156, 159, 160
コレラ　1, 3, 91
昆虫成長抑制剤（→ IGR剤）　108

【さ行】

剤型　116, 120
細菌　46, 71, 72, 93, 96, 141, 182
サシガメ　4, 72, 88, 89, 114, 124, 125, 129
　　Rhodnius prolixus　124, 125

Triatoma dimidiata 124
サシチョウバエ 4, 24, 72, 88, 100, 141-148
 Chinius 144
 Lutzomyia 142
 Phlebotomus 142, 144, 147
 Phlebotomus argentipes 147
 Sergentomyia 143, 144
  ニッポンサシチョウバエ *Sergentomyia squamirostris* 143-145
サシチョウバエ亜科 Phlebotominae 141
サシチョウバエ熱 141
沙蝨 59
サソリ 1
殺虫効果 135, 137, 145, 148
殺虫剤
 衛生害虫用殺虫剤 116, 117, 183
 有機塩素系殺虫剤 120, 203
 有機リン系殺虫剤 114, 116, 132, 136, 182
殺虫スペクトル 120
殺虫剤感受性 119, 121-123, 182, 193
殺虫剤抵抗性 112, 122, 133, 135, 179, 180, 182, 183, 192
サトレップス（SATREPS, Science and Technology Research Partnership for Sustainable Development, 地球規模課題対応国際科学技術協力） 146, 148
作用点 136, 179, 180, 182-184, 192
サル痘 3
残効性 120, 137, 145
塹壕熱 72, 122
残留性 120, 179, 180, 183
ジアシル‐ヒドラジン系 181
シアニド 181
ジアフェンチウロン 181
ジアミド系 181
ジエチルトルアミド（→ ディート） 169

シカ 26, 30, 35, 37, 38, 76
 ニホンジカ 45, 46
ジカ熱 163
刺咬
 刺咬症（→ 刺症） 48
ジコホル 181
刺症（→ 刺咬症） 3, 48
 マダニ刺症 47, 48, 58
 マダニ人体刺症 42, 48, 54
自然の体系 143
シゾント 78
室内残留噴霧（indoor residual spraying, IRS） 145, 147
シトクロム P450 酸化酵素 182, 188
ジニトロフェノール 181
ジフテリア 3, 91
シフルトリン 187
シャーガス病 72, 124, 125, 141
住血吸虫症 142
重症急性呼吸器症候群（severe acute respiratory syndrome, SARS） 1, 3, 201
重症熱性血小板減少症候群（severe fever with thrombocytopenia syndrome, SFTS） xii, 2, 3, 26, 28, 37, 42, 57, 72, 196
シュードモナス *Pseudomonas* 93
宿主（→ ホスト） 6, 7, 44, 45, 64, 68, 71, 80, 130, 147, 154, 159, 161
 保虫宿主 147
樹脂蒸散剤 117
腫脹 39, 60
準分類学者（→ パラタクソノミスト） 197
小頭症 xii, 2
食中毒 91, 96, 184
食毒剤（→ ベイト（剤）） 107
除虫菊 183

索引 —— 211

シラミ
  アタマジラミ Pediculus humanus capitis 121, 122, 127, 184, 192, 193
  ケジラミ Pthirus pubis 127
  コロモジラミ Pediculus humanushumanus 72, 88, 122, 127
  トコジラミ →トコジラミ 56, 57, 100, 116, 119, 121, 127-139, 184
シリカ 136
シロアリ 170
シロマジン 181
腎症候性出血熱 3
スクリーニング 193
スズメ 95
スチーマー 136, 137
ストレプトマイシン 37, 39
スピノシン系 181
スピロヘータ 46, 71, 72
ズポロゾイト 78
スルフラミド 181
スルホキシミン系 181
生物多様性 110, 111, 197
ゼオライト（→沸石） 136-138
世界保健機関（World Health Organaization, WHO） 2, 4, 141, 163
赤痢 89, 91-93
  アメーバ赤痢 3
  細菌性赤痢 3
赤痢菌 92, 93
  Shigella dysenteriae type 1 92
赤血球 78, 79
節足動物 xi, xii, 1, 3, 56-58, 64, 71, 72, 76, 79, 85, 86, 100, 122, 160, 179, 187, 201, 202
セフェム系 60
セルカルバゾン 181

選択（→自然淘汰, 自然選択, 淘汰） 121, 122, 183, 191
線虫 72, 75, 81, 88
潜伏期 154, 155
総合的有害生物管理（integrated pest management, IPM） 99, 101, 133, 203
双翅目 Diptera（→ハエ目） xiii, 74, 107, 120, 141
阻害剤
  アセチル CoA カルボキシラーゼ阻害剤 181
  アセチルコリンエステラーゼ阻害剤 181
  キチン生合成阻害剤 181
  脱皮阻害剤 181
  ダニ類成長阻害剤 181
  ミトコンドリア ATP 合成酵素阻害剤 181
咀顎目 Pscodea（→カジリムシ目） 127
措置水準 102, 104-106
速効性 116, 119

【た行】

耐性 93, 122, 201
耐性菌 93
  薬剤耐性菌 89, 93
大腸菌 *Escherichia coli* 91, 93, 96
  腸管出血性大腸菌 O157 3, 184
  腸管出血性大腸菌 O157:H7 90, 92
唾液 4, 64, 78, 79, 88
唾液腺 53, 56, 57, 64, 79, 80, 129, 130
脱共役剤
  プロトン勾配を攪乱する酸化的リン酸化脱共役剤 181
脱皮 32, 44, 128, 129, 134, 202
ダニ
  イエダニ *Ornithonyssus bacoti* 43, 57, 116, 121
  カタダニ 43
  カタダニ目 Holothyrida xiv

ケダニ亜目 Prostigmata　xiv, 64
コナダニ　43
タカラダニ　113, 114
チリダニ　43
ハダニ　116
　ナミハダニ　171
ヒゼンダニ *Sarcoptes scabiei*　184, 193
ヒメダニ科 Argasidae　43
マダニ（類）
　アカコッコマダニ *Ixodes turdus*　43
　オオトゲチマダニ *Haemaphysalis megaspinosa*　44
　キチマダニ *Haemaphysalis flava*　43, 44, 49
　キララマダニ属 *Amblyomma*　53
　クリイロコイタマダニ *Rhipicephalus sanguineus*　46
　シュルツェマダニ *Ixodes persulcatus*　48, 50
　セイブクロアシマダニ *Ixodes pacificus*　46
　タカサゴキララマダニ *Amblyomma testudinarium*　42-44, 47, 48, 50, 53
　タネガタマダニ *Ixodes nipponensis*　43, 44
　チマダニ（属）*Haemaphysalis*　37, 48, 52
　フタトゲチマダニ *Haemaphysalis longicornis*　37, 43, 45, 48
　ヤマトマダニ *Ixodes ovatus*　37, 43, 48, 49
　マダニ属 *Ixodes*　44, 48, 52, 53
　マダニ科 Ixodidae　43
ダニ亜綱 subclass Acari　xiv
ダニ目 order Acari　xiv, 2, 43
タヌキ　30, 35
探索行動　50, 164, 165, 174
炭酸ガス　165-167, 169, 170, 174
炭疽　3
地球規模課題対応国際科学技術協力事業（Science and Technology Research Partnership for Sustainable Development, SATREPS）　146
チクングニア熱（症）　1, 3, 4, 20, 21, 24, 72, 187
致死活性　119
致死時間　138
致死濃度（→ LC_{50}）　119
致死薬量（→ LD_{50}）　119
チトクロームオキシダーゼサブユニットI(COI)　151
チフス
　クイーンズランドダニチフス　38
　腸チフス　3
　発疹チフス　3, 72, 122
　パラチフス　3
チャタテムシ　114, 134
チュウザン病　2, 76-78, 83
中東呼吸器症候群（Middle East respiratory syndrome, MERS）　3
チョウ目 Lepidoptera（→ 鱗翅目）　120
沈黙の春　179
ツツガムシ
　アカツツガムシ *Leptotrombidium akamusi*　62, 65-67
　アラトツツガムシ *Leptotrombidium intermedium*　62
　タテツツガムシ *Leptotrombidium scutellare*　37, 62, 65, 68
　デリーツツガムシ *Leptotrombidium deliense*　62
　トサツツガムシ *Leptotrombidium tosa*　62
　ヒゲツツガムシ *Leptotrombidium palpale*　62
　フトゲツツガムシ *Leptotrombidium pallidum*　37, 62, 65, 68
ツツガムシ科 Ceratopogonidae　64
つつが虫病　3, 37, 38, 59-67, 69
つつが虫病リケッチア *Orientia tsutsugamushi*　37, 59, 61, 62, 65

ディート(N,N-diethyl-3-methylbenzamide, DEET) 36, 50, 63, 115, 135, 169
抵抗性
　交差抵抗性 183, 193
　　殺虫剤抵抗性 112, 122, 133, 135, 179, 180, 182, 183, 192
　　ノックダウン抵抗性(knockdown resistance, *kdr*) 183, 184
　薬剤抵抗性 107, 203
テトラサイクリン系 37, 38, 60
テトラジホン 181
テトラミン酸誘導体 181
テトロン酸 181
テフルトリン 187
デルタメトリン 146, 187, 189
電位依存性ナトリウムチャネル(voltage sensitive sodium channel, VSCC) 181, 183
デング出血熱 163
デング熱 xi, 1-15, 17, 18, 20, 21, 24, 72, 86, 100, 111, 125, 161, 163, 187, 191-193, 196, 201
伝染病予防法 1, 201
天敵 35, 111-113, 120, 135, 196, 203
伝播
　機械的伝播 89, 91
　生物学的伝播 88
痘瘡 3
淘汰(→ 自然選択, 自然淘汰, 選択) 121, 122, 183, 188, 191
同定
　種(の)同定 143, 144, 147
毒性
　選択毒性 180, 183, 187
トコジラミ
　トコジラミ *Cimex lectularius* 56, 57, 100, 116, 119, 121, 127-139, 184

コウモリトコジラミ *Cimex japonicas* 128
ネッタイトコジラミ *Cimex hemipterus* 128
トコジラミ科 Cimicidae 127
トコジラミ属 *Cimex* 127
吐酒石 181
突然変異 182, 188, 191, 193
トラップ(→ 捕獲器)
　CDCトラップ 166
　ライトトラップ 83, 107, 108
トランスフルトリン 187
ABCトランスポーター 182
トリパノソーマ *Trypanosoma bocagei*
トリパノソーマ原虫 124
トリパノソーマ症 72
トリパノソーマ属 *Trypanosoma* 145

【な行】

内的自然増加率 156
ナトリウムチャネル 180, 183, 186, 190
南米出血熱 3
肉芽腫 52
ニコチン 53, 115, 181
偽ダニ症 135
日本脳炎→脳炎
ニワトリ 76, 78, 79, 93, 94
ヌカカ 2, 3, 24, 56, 57, 74-86, 88
　Forcipomyia 74
　Leptoconops 74
　イソヌカカ *Culicoides circumscriptus* 81
　ウシヌカカ *Culicoides oxystoma* 75, 79-82
　オーストラリアヌカカ *Culicoides brevitarsis* 80, 81, 83, 84
　ニワトリヌカカ *Culicoides arakawae* 78, 79, 81
ヌカカ科 Ceratopogonidae 74

ネオニコチノイド（系）　116, 180, 181
ネズミ　2, 37, 57, 62, 64, 65, 68, 95, 103, 104, 146, 147
　スナネズミ　147
　ドブネズミ　57
ネライストキシン類縁体　181
脳炎
　西部ウマ脳炎　3
　ダニ媒介脳炎　2, 3, 37
　東部ウマ脳炎　3
　日本脳炎　3-7, 20-24, 72, 201
　ベネズエラウマ脳炎　3
　ロシア春夏脳炎　37
農薬　101, 102, 116
農薬取締法　116, 179
ノックダウン（→ 仰転）　119, 120, 146, 172-174, 184
ノックダウン時間（→ KT_{50}）　119, 121
ノミ　xi, 56, 57, 114, 116, 119, 160
　ネコノミ *Ctenocephalides felis*　57

【は 行】

DNA バーコーディング　150-152
肺炎　93
媒介昆虫（→ 害虫, 媒介者, ベクター）　88, 145, 196, 198, 201
媒介者（→ 害虫, 媒介昆虫, ベクター）　1, 4, 20, 56, 58, 86, 88, 100, 141, 142, 153, 158-161
媒介能　14, 20, 79, 80, 85, 86, 122, 145, 192, 193
梅毒　3
ハエ
　イエバエ
　　イエバエ *Musca domestica*　3, 90-95, 107, 111, 119, 122, 173, 184-187, 193

　　ヒメイエバエ *Fannia canicularis*　107
　キンバエ　107
　クロバエ
　　オオクロバエ *Calliphora nigribarbis*　24, 94
　　ケブカクロバエ *Aldrichina grahami*　94
　クロバネキノコバエ　107
　コバエ　104, 105, 107, 108
　サシチョウバエ → サシチョウバエ
　サシバエ
　　サシバエ *Stomoxys calcitrans*　91, 185
　　ノサシバエ *Haematobia irritans irritans*　185
　チョウバエ　107, 108, 117, 141
　ツェツェバエ　72, 165
　ニクバエ　89, 95, 107, 111
　ニセケバエ　107
　ノミバエ　107
　ハモグリバエ（科）*Agromyzidae*　185
　有弁ハエ類　111
ハエ目 Diptera（→ 双翅目）　xiii, 74, 107, 120, 141
破壊剤
　微生物由来昆虫中腸内膜破壊剤　181
はしか（→ 麻疹）　158
ハチ
　アシナガバチ
　　キアシナガバチ *Polistes rothneyi*　56
　　セグロアシナガバチ *Polistes jokahamae*　56
　スズメバチ
　　オオスズメバチ *Vespa mandarinia*　56
　　キイロスズメバチ *Vespa simillima*　56
　ミツバチ
　　セイヨウミツバチ *Apis mellifera*　56
　　ニホンミツバチ *Apis cerana japonica*　56
バチルス *Bacillus*
　Bacillus thuringiensis　181

索引―― 215

Bacillus sphaericus 181
白血球　29, 37, 71
発疹　37, 38, 54, 60, 61
発生予察　75, 83
パラケルスス　114
パラタクソノミスト（→準分類学者）　197, 198
バルトネラ症 bartonellosis　141
ハロゲン化アルキル　181
播種性血管内凝固症候群　60
ヒツジ　26, 37, 76, 77, 83
人おとり（囮）採集　16, 83
ヒドラメチルノン　181
非標的生物　120, 179
ビフェナゼート　181
皮膚炎　56, 57, 60, 75, 93, 114, 129
皮膚障害　56-58
皮膚透過性　182
ピペロニルブトキシド（piperonyl butoxide, PBO）　147
ピリジンアゾメチン誘導体　181
ピリプロキシフェン　123, 181
微量滴下法　119
ピレスロイド（系，剤）
ピロール　181
ピロプラズマ症　46
フィラリア　187
フィラリア症　4, 5, 72, 76
風疹　3
風土病　59
フェニルピラゾール（系）　116, 181
フェノキシカルブ　181
フェノトリン　119, 122, 192
フェンフルトリン　187
フェンプロパスリン　171
不活性ガス　138

沸石（→ゼオライト）　136
ブテノライド系　181
不妊雄　193
不妊化　175
ブプロフェジン　181
ブユ　4, 56, 57, 114, 121, 122
フライトミル法　22
ブラレトリン　173
ブリソン Mathurin-Jacques Brisson　143
フルアクリピリム　181
ブルータング　76, 83, 85
フルオライド類　181
ブルセラ症　3
ブロッカー
　　GABA 作動性塩素イオンチャネルブロッカー　181
　　ニコチン性アセチルコリン受容体チャネルブロッカー　181
　　電位依存性ナトリウムチャネルブロッカー　181
フロニカミド　181
プロパルギット　181
ブロモプロピレート　181
分散（行動）　16, 94, 118
分離　21, 22, 27, 28, 62, 71, 72, 80, 90-94, 96, 144
平衡状態　156, 157
ベイト（剤）（→食毒剤）　107, 116, 120, 123, 124
ベクター（→媒介昆虫，媒介者）　1-4, 20, 37, 114, 124, 125, 145
ベクターコントロール　124, 145-148
ベクターマネージメント　2, 17, 18
ペスト xi, 3
ペニシリウム属 *Penecillium*　93
ペルメトリン　146, 147, 188, 189

偏性細胞内寄生性細菌　62
ベンゾイル尿素系　181
ベンゾキシメート　181
防疫　112
ホウ酸塩　181
ホウ酸ダンゴ　100
防除
　　化学的防除　101, 106-108, 135-137
　　環境的防除　106, 108, 135
　　生物的防除　101, 135
　　物理的防除　106, 108, 135-137
ボウフラ　12, 13, 117, 119, 121, 125, 151, 193
捕獲器（→ トラップ）
　　産卵捕獲器　174
捕獲指数　105, 107, 134
ホスト（→宿主）　164, 165, 167, 174
ホスフィン系　181
発疹チフス（→ チフス）　3, 72, 122
ホットスポット　110
ボツリヌス症　3
ポリオ　91
ポリメラーゼ連鎖反応（polymerase chain reaction, PCR）　61, 72, 81
ボルバキア *Wolbachia*　193
ボレリア属（細菌）*Borrelia*
　　Borrelia burgdorferi　46

【ま行】

マールブルグ病　3
麻疹（→ はしか）　3
マラリア
　　熱帯熱マラリア　5, 20
　　三日熱マラリア　5, 20
ミトコンドリア（DNA，遺伝子）81, 84, 85, 151, 181

ミルベマイシン系　181
ムカデ
　　トビズムカデ *Scolopendra subspinipes mutilans*　56
メソイオン系　181
メチシリン　93
メチルイソチオシアネートジェネレーター　181
メトキシクロル　181
メトフルトリン　172
免疫　64, 154, 157-159, 161
免疫獲得　154
免疫グロブリン　61
免疫クロマトグラフィー法（immuno-chromatographic test, ICT）　71
モジュレーター
　　グルタミン酸作動性塩素イオンチャネルモジュレーター　181
　　ナトリウムチャネルモジュレーター　181
　　ニコチン性アセチルコリン受容体アロステリックモジュレーター　181
　　ニコチン性アセチルコリン受容体競合的モジュレーター　181
　　リアノジン受容体モジュレーター　181
　　弦音器官 TRPV チャネルモジュレーター　181
モデル
　　SEIR モデル　154, 155
　　SIR モデル　154, 157, 158, 161
　　SIS モデル　154-159, 161
　　コンパートメントモデル　154, 155, 160
　　数理モデル　100, 153-155, 160, 161
　　ロジスティック成長モデル　156

【や行】

ヤギ　26, 37, 76
薬機法　116, 129, 135, 179

野兎病　3, 37-39
誘因源　94
有機スズ系　181
有機リン系（→ 殺虫剤）　114, 116, 119, 120, 132, 135, 136, 138, 180-182
ユスリカ　114, 122
輸送タンパク質　182
幼若ホルモン（juvenile hormone, JH）　181
幼若ホルモン様物質（juvenile hormone mimic, JHM）　175
ヨコバイ
　タイワンツマグロヨコバイ *Nephotettix cincticeps*　173
予防接種　158, 201

鱗翅目 Lepidoptera（→ チョウ目）　120
リンネ Carl von Linne　143
リンパ球　71
類鼻疽　3
レーウェンフェク科 Leeuwenhoekiidae　64
レジオネラ症　3
レプトスピラ症　3
ロイコチトゾーン病　78
ロス，ロナルド Ronald Ross　4

【わ行】

ワクチン　20, 21, 62, 77, 78, 86, 89, 142, 148, 158, 201, 202
ワセリン法　52, 53

【ら行】

癩　91
ライム病　2, 3, 46, 52, 57, 72
β - ラクタム系　60
ラッサ熱　3
リーシュマニア→原虫
リーシュマニア症 leishmaniasis
　内臓型リーシュマニア症　142, 146-148
　皮膚型リーシュマニア症　142, 144, 147
　皮膚粘膜型リーシュマニア症　142
リケッチア
　つつが虫病リケッチア *Orientia tsutsugamushi*　37, 59, 61, 62, 65
　ロッキー山紅斑熱リケッチア *Rickettsia rickettsii*　46
リスク生物　111
リフトバレー熱　3
流行性出血病　76, 78
流跡線解析　83
林冠　110

著者紹介（掲載順）

石川 幸男（いしかわ　ゆきお）
1954年生まれ
東京大学大学院農学系研究科博士課程中途退学　農学博士
東京大学大学院農学生命科学研究科　教授

沢辺 京子（さわべ　きょうこ）
1958年生まれ
佐賀大学大学院農学研究科修士課程修了　学術博士（農学）
国立感染症研究所　昆虫医科学部　部長

津田 良夫（つだ　よしお）
1954年生まれ
岡山大学大学院農学研究科　農学博士，医学博士
国立感染症研究所　昆虫医科学部　主任研究員

前田 健（まえだ　けん）
1968年生まれ
東京大学大学院農学生命科学研究科修了 博士（獣医学）
山口大学　共同獣医学部・大学院連合獣医学研究科　教授

山内 健生（やまうち　たけお）
1976年生まれ
九州大学大学院比較社会文化学府博士後期課程単位修得退学　博士（学術）
兵庫県立大学自然・環境科学研究所　准教授／兵庫県立人と自然の博物館　主任研究員

夏秋 優（なつあき　まさる）
1959年生まれ
兵庫医科大学大学院　医学博士
兵庫医科大学皮膚科学　准教授

佐藤 寛子（さとう　ひろこ）
1973年生まれ
群馬大学医療技術短期大学部衛生技術学科卒（準学士）
秋田県健康環境センター　保健衛生部　ウイルス班

松岡 裕之（まつおか　ひろゆき）
1956年生まれ
新潟大学医学部卒業　医学博士
長野県伊那保健福祉事務所　所長

梁瀬 徹（やなせ とおる）
1970年生まれ
九州大学大学院農学研究科博士後期課程修了　博士（農学）
国立研究開発法人農業・食品産業技術総合研究機構　動物衛生研究部門　越境性感染症研究領域　上級研究員

小林 睦生（こばやし むつお）
1951年生まれ
東京農工大学農学部修士課程　医学博士
国立感染症研究所　前昆虫医科学部長（名誉所員）

平尾 素一（ひらお もとかず）
1937年生まれ
京都大学農学部農芸化学科卒　農学博士
環境生物コンサルティング・ラボ

多田内 修（ただうち おさむ）
1948年生まれ
九州大学大学院農学研究科単位取得退学　農学博士
九州大学　名誉教授

橋本 知幸（はしもと ともゆき）
1966年生まれ
静岡大学農学部農学科卒業　学術博士
一般財団法人日本環境衛生センター　環境生物・住環境部　次長

木村 悟朗（きむら ごろう）
1980年生まれ
信州大学大学院総合工学系研究科修了　博士（工学）
イカリ消毒株式会社技術研究所　研究員

三條場 千寿（さんじょうば ちず）
1970年生まれ
東京大学大学院農学生命科学研究科修了　博士（農学）
東京大学大学院　農学生命科学研究科　助教

比嘉 由紀子（ひが ゆきこ）
1972年生まれ
長崎大学大学院医歯薬学総合研究科修了　博士（医学）
長崎大学　熱帯医学研究所　助教

高須 夫悟（たかす ふうご）
1967年生まれ
京都大学大学院理学研究科生物物理学専攻博士後期課程中退　博士（理学）
奈良女子大学　理学部　教授

川田 均（かわだ ひとし）
1956年生まれ
京都大学農学研究科博士後期課程中退　農学博士，医学博士
長崎大学　熱帯医学研究所　准教授

葛西 真治（かさい しんじ）
1970年生まれ
筑波大学大学院農学研究科修了　農学博士
国立感染症研究所　昆虫医科学部　主任研究官

大原 昌宏（おおはら まさひろ）
1961年生まれ
北海道大学大学院農学研究科博士課程単位取得退学　博士（農学）
北海道大学　総合博物館　教授

安居院 宣昭（あぐい のりあき）
1942年生まれ
東京教育大学大学院農学研究科修士課程修了（農学博士）
国立感染症研究所　元昆虫医科学部長（名誉所員）

編者紹介
日本昆虫科学連合（にほんこんちゅうかがくれんごう）
http://www.insect-sciences.jp/

責任編者紹介
安居院 宣昭（あぐい　のりあき）
別掲

伊藤 雅信（いとう　まさのぶ）
1959年生まれ
北海道大学大学院理学研究科単位取得退学　理学博士
京都工芸繊維大学　応用生物学系　教授

木村 悟朗（きむら　ごろう）
別掲

佐藤 宏明（さとう　ひろあき）
1959年生まれ
北海道大学大学院環境科学研究科単位取得退学　学術博士
奈良女子大学　理学部　准教授

沢辺 京子（さわべ　きょうこ）
別掲

橋本 知幸（はしもと　ともゆき）
別掲

装丁　中野達彦
カバーイラスト　北村公司

招かれない虫たちの話—虫がもたらす健康被害と害虫管理

2017年3月20日　第1版第1刷発行

編　者	日本昆虫科学連合
発行者	橋本敏明
発行所	東海大学出版部

〒259-1292　神奈川県平塚市北金目4-1-1
TEL　0463-58-7811　　FAX　0463-58-7833
URL　http://www.press.tokai.ac.jp/
振替　※00100-5-46614

組　版	新井千鶴
印刷所	株式会社真興社
製本所	誠製本株式会社

Ⓒ Union of Japanese Societies for Insect Sciences, 2017　　　ISBN978-4-486-02125-4

Ⓡ〈日本複製権センター委託出版物〉
本書の全部または一部を無断で複写複製（コピー）することは，著作権法上の例外を除き，禁じられています．本書から複写複製する場合は日本複製権センターへご連絡のうえ，許諾を得てください．日本複製権センター（電話03-3401-2382）